21 **世** 技能创新型人才培养系列教材
纪 机械设计制造系列

电气控制系统
安装与调试

主 编◎赵艳芝 韩 荧
副主编◎肖 冰 张 洋 刘圳波
　　　张 爽 杨凤湖
参 编◎李爱淑 王 朝 刘 冠
　　　冷 月 邵冬阳

中国人民大学出版社
·北京·

图书在版编目（CIP）数据

电气控制系统安装与调试／赵艳芝，韩荧主编. --
北京：中国人民大学出版社，2022.12
　　21世纪技能创新型人才培养系列教材. 机械设计制造
系列
　　ISBN 978-7-300-31445-7

　　Ⅰ.①电… Ⅱ.①赵… ②韩… Ⅲ.①电气控制系统
－安装－高等学校－教材②电气控制系统－调试方法－高
等学校－教材 Ⅳ.①TM921.5

　　中国国家版本馆CIP数据核字（2023）第028957号

21世纪技能创新型人才培养系列教材·机械设计制造系列
电气控制系统安装与调试
主　编：赵艳芝　韩　荧
副主编：肖　冰　张　洋　刘圳波　张　爽　杨凤湖
参　编：李爱淑　王　朝　刘　冠　冷　月　邵冬阳
Dianqi Kongzhi Xitong Anzhuang yu Tiaoshi

出版发行	中国人民大学出版社		
社　　址	北京中关村大街31号	**邮政编码**	100080
电　　话	010－62511242（总编室）		010－62511770（质管部）
	010－82501766（邮购部）		010－62514148（门市部）
	010－62515195（发行公司）		010－62515275（盗版举报）
网　　址	http://www.crup.com.cn		
经　　销	新华书店		
印　　刷	北京溢漾印刷有限公司		
规　　格	185 mm×260 mm　16开本	**版　　次**	2022年12月第1版
印　　张	17.25	**印　　次**	2022年12月第1次印刷
字　　数	365 000	**定　　价**	48.00元

随着产业升级需求和科学技术的发展，现代化工业、现代化农业、现代化物流业和现代化制造服务业等领域都离不开电气控制技术。目前，电气控制技术已发展到一定的高度，与传统电气控制技术相比发生了很大的变化。

本书是以电气控制系统为载体的基于工作过程的项目化教材，共分为 6 个项目，实现了教学过程与生产过程的对接，每个任务都是一个完整的工作过程，体现了"工学结合"和"理实一体化"的教育理念。

本书以电动机和其他执行电器为控制对象，讲解电气控制系统中常用低压电器的原理与拆装、三相异步电动机常见电气控制电路及故障排除、常见机床的电气控制电路及故障排除、电气控制系统的设计与调试等。学生可以从识读电气图样开始，逐步学会分析电气控制系统的工作原理，知道如何选择电气元器件，进而能够熟练运用工具进行电气控制系统的安装与调试。

本书具有以下特点：

（1）理论知识的讲解由浅入深，控制电路的分析从简单到复杂，环环相扣。学生对知识的积累循序渐进，分析电路的能力逐步提升。

（2）学做合一、理实一体，各个项目贯穿了"先学后做、由做再学"的主线，按照学懂必备知识、学会必备技能、总结分析、学习提高的顺序对知识、技能进行编排，使学生在"学中做、做中学"中掌握技能，同时促进学生职业能力的养成。标注"＊"的任务为拓展任务。

（3）本书从职业院校学生的实际情况出发，以生产实践为主线，结合国家职业等级考核标准和职业技能鉴定规范编写而成，突出实用、够用，同时体现了"互联网＋"理念，在重要知识点处嵌入二维码，方便学生深入学习。

本书的编写原则如下：

（1）坚持能力本位。以专业所面向的职业岗位能力为本位，打好行业通用能力基础，兼顾职业特定能力培养，强化岗位核心能力。传授基础知识与培养专业能力并重，强化学生职业素养养成和专业技术积累。

（2）坚持标准引领。以职业教育国家教学标准为纲，贯彻落实党和国家在课程设置、教学内容等方面的基本要求。结合国家职业技能鉴定标准、1+X职业技能等级标准充实完善教学内容。

（3）坚持校企融合。将新技术、新工艺、新规范纳入教材。

（4）坚持课程思政。积极构建"思政课程＋课程思政"大格局，推进全方位"三全育人"，助力专业课教学与思想政治理论课教学紧密结合，同向同行。

由于编写时间仓促，加之编者水平有限，书中难免存在错漏之处，恳请广大读者批评指正，以便修订完善。

编者

目录

三相异步电动机单向控制电路
及其安装与调试

项目概述

本项目以三相异步电动机单向控制电路的安装与调试为例，介绍单向运行所需的低压电器的结构、工作原理及使用方法；单向运行基本电气控制电路设计、安装、调试与检修；电气图的识读和绘制方法；电气接线规范和要求；电气控制电路的故障查找方法等。

通过对本项目的学习，同学们将能够正确安装和调试三相异步电动机单向运行控制电路；能够使用相关仪器仪表对三相异步电动机单向运行控制电路进行检测；能够检修和排除三相异步电动机单向运行控制电路的典型故障；能够识读和绘制三相异步电动机单向运行控制电路。

本项目学习过程：认识元器件→识读电路图→识读接线图→检测元件→配线安装→自检→通电测试→故障排除。

职业素养

● 养成时刻注意安全、遵守操作规程、认真操作的工作习惯，培养团队合作意识。

● 结合"中国制造 2025"对制造业的人才需求，规划职业生涯，树立远大理想，培养爱国主义情怀，大力弘扬工匠精神，不断创新，肩负起时代赋予的光荣使命。

● 在学习和实践中领会企业的 6S 制度（整理、整顿、清扫、清洁、素养、安全）。

三相异步电动机的使用与维护

 知识目标

- 熟悉三相异步电动机的结构及工作原理。
- 掌握三相异步电动机的使用方法。
- 了解三相异步电动机铭牌数据的含义。

 技能目标

- 能够正确拆装三相异步电动机。
- 能够对三相异步电动机进行通电前检查。

 **实训任务**

学生在教师的指导下结合实物认识和拆装三相异步电动机，讨论总结，自主学习，达到项目要求的学习目标。

 任务准备

（1）按照要求穿着工装进入实训室。
（2）领取实训所需的电工工具、仪器、仪表。
（3）正确拆装三相异步电动机。
（4）完成三相异步电动机通电前的检查。

知识学习

电动机是根据电磁感应原理，把电能转换为机械能，输出机械转矩的原动机（或动力设备），能带动生产机械工作，是厂矿企业使用最广泛的动力设备。

1. 三相异步电动机的结构

三相异步电动机的结构基本相同，由定子和转子这两大基本部分组成，在定子和转子之间具有一定的气隙。此外，还包括端盖、轴承、接线盒、吊环等附件。三相笼型异步电动机的外形如图1-1-1所示。

图1-1-1　三相笼型异步电动机的外形

（1）定子。

电动机的静止部分称为定子，包括定子铁芯、定子绕组和机座等部件。

1）定子铁芯。

定子铁芯装在机座里，是电动机磁路的一部分，内部放置定子绕组。为了降低定子铁芯的铁损耗，定子铁芯多用0.5mm厚的硅钢片叠压而成的，并在硅钢片的两面涂上绝缘漆。定子铁芯的外形如图1-1-2所示。

2）定子绕组。

图1-1-2　定子铁芯的外形

定子绕组的作用是通入三相对称交流电，产生旋转磁场。定子绕组嵌放在定子铁芯槽内，三相定子绕组分别用U1-U2、V1-V2、W1-W2表示。三相绕组的6个出线端引到电动机机座的接线盒内，可根据需要结成星形（Y）或三角形（△）。定子绕组的结构如图1-1-3所示。

图1-1-3　定子绕组的结构

3）机座。

机座的作用是固定定子铁芯，并以两个端盖支承转子，同时保护电动机的电磁部分以及散发电动机运行中产生的热量。

总结：定子由定子铁芯、定子绕组和机座等组成，用于产生旋转磁场。

（2）转子。

转子是电动机的旋转部分，由转子铁芯、转子绕组、转轴、风叶等组成。转子的外形如图1-1-4所示。

图1-1-4　转子的外形

1）转子铁芯。

转子铁芯是电动机磁路的一部分，一般用0.5mm厚相互绝缘的硅钢片冲制叠压而成，硅钢片外圆冲有均匀分布的槽，用来安置转子绕组。转子铁芯固定在转轴或转子支架上。转子铁芯的外形如图1-1-5所示。

2）转子绕组。

转子绕组的作用是产生感应电动势和电流，并在旋转磁场的作用下产生电磁力矩而使转子转动。转子绕组根据结构不同分为笼型和绕线型两种。转子绕组的外形如图1-1-6所示。

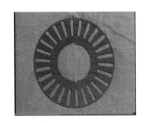

图1-1-5　转子铁芯的外形

图1-1-6　转子绕组的外形

3）转轴。

转轴的作用是支承转子、传递转矩，并保证定子与转子之间有均匀的气隙。转轴是由一定强度和刚度的型钢加工而成，其外形如图1-1-7所示。

总结：转子在旋转磁场的作用下产生感应电动势或电流。

（3）气隙。

气隙是电动机磁路的一部分，它与定子铁芯和转子铁芯一起构成电动机的完整磁路。气隙越小，电动机的功率因数越高、空载电流越小。通常，中小型异步电动机的气隙约为0.2～1mm。气隙如图1-1-8所示。

图1-1-7　转轴的外形

图1-1-8　气隙

（4）附件。

电动机的附件包括端盖、轴承、轴承盖、外风扇、接线盒、铭牌等。

在中小型异步电动机中，有铸铁制成的端盖，内装滚珠或滚珠轴承。为使轴承中的润滑脂不外溢和不受污染，前后轴承处均设有内外轴承盖。封闭式电动机后端盖外还装有外风扇和风罩。

1）端盖。

端盖装在机座的两侧，起支承转子的作用，并保持定子和转子的同心度。

2）风扇和风罩。

转轴带动风叶一起旋转，用于冷却电动机。风罩用于保护风叶。

2. 三相异步电动机的工作原理

（1）旋转磁场。

1）旋转磁场的概念。

旋转磁场是一种以一定转速旋转的磁场。理论分析和实践证明，在对称三相绕组中流过对称三相交流电时会产生旋转磁场。

2）三相对称绕组。

三相对称绕组就是 3 个外形、尺寸、匝数都完全相同，首端彼此互隔 120°，对称地放置到定子槽内的 3 个独立的绕组。三相异步电动机转动原理图如图 1-1-9 所示。

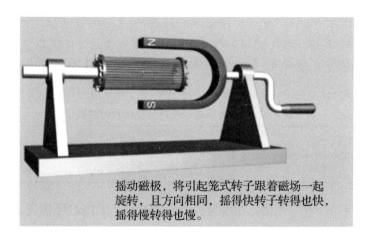

摇动磁极，将引起笼式转子跟着磁场一起旋转，且方向相同，摇得快转子转得也快，摇得慢转得也慢。

图 1-1-9　三相异步电动机转动原理图

3）旋转磁场的产生。

空间相差 120°的三相绕组（三相绕组对称）中通入对称三相电流时，产生的是一对磁极的旋转磁场，当电流经过一个周期变化时，磁场也沿着顺时针方向旋转了一周（在空间旋转的角度为 360°）。二级旋转磁场示意图如图 1-1-10 所示。

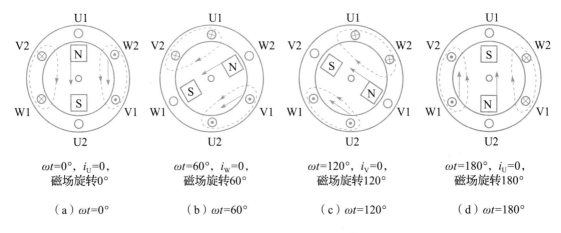

$\omega t=0°$, $i_U=0$, 磁场旋转0° | $\omega t=60°$, $i_W=0$, 磁场旋转60° | $\omega t=120°$, $i_V=0$, 磁场旋转120° | $\omega t=180°$, $i_U=0$, 磁场旋转180°

（a）$\omega t=0°$　　　（b）$\omega t=60°$　　　（c）$\omega t=120°$　　　（d）$\omega t=180°$

图1-1-10　二级旋转磁场示意图

4）改变旋转磁场的转向。

改变流入三相绕组的电流相序（对调3根相线中的任意2根），就能改变旋转磁场的转向；改变了旋转磁场的转向，也就改变了三相异步电动机的旋转方向。

5）旋转磁场的转速（同步转速）n_1。

$$n_1=\frac{60f}{p}$$

式中：f——电源的频率；

　　　p——极对数。

旋转磁场的转速 n_1 与频率 f 和极对数 p 有关，旋转磁场转速与极对数的关系见表1-1-1。

表1-1-1　旋转磁场转速与极对数的关系

p	1	2	3	4	5	6
n_1（r/min）	3000	1500	1000	750	600	500

【例1】　YD112M-8/6/4型三相多速异步电动机的定子绕组可接成4极、6极、8极，当电源频率为50Hz时，试求在不同极数时的同步转速 n_1。

解：由公式 $n_1=\frac{60f}{p}$ 可知：

接成4极时，$p=2$，$n_1=\frac{60f}{p}=60\times50/2=1500$r/min；

接成6极时，$p=3$，$n_1=\frac{60f}{p}=60\times50/3=1000$r/min；

接成8极时，$p=4$，$n_1=\frac{60f}{p}=60\times50/4=750$r/min。

（2）三相异步电动机的工作原理。

1）三相异步电动机的转动原理。

①电生磁：三相对称绕组通往三相对称电流产生圆形旋转磁场。

②磁生电：旋转磁场切割转子导体产生感应电动势和电流。

③电磁生力：转子载流（有功分量电流）体在磁场作用下受电磁力作用，形成电磁转矩，驱动电动机旋转，将电能转化为机械能。

三相异步电动机的工作原理：三相异步电动机定子的三相对称交流绕组通入三相对称交流电流时，将在电动机气隙空间产生旋转磁场，转子绕组的导体处于旋转磁场中，转子导体切割磁力线会产生感应电动势，根据右手定则可以判断感应电动势的方向，又因为转子导体通过端环自成闭路，所以转子导体中会通过感应电流。感应电流与旋转磁场相互作用产生电磁力，根据左手定则可以判断电磁力的方向。电磁力作用在转子上将产生电磁转矩，并驱动转子旋转。

2）异步电动机的转速与转差率。

"异步"的由来：只有当转子转速 n 小于同步转速 n_1 时，转子与旋转磁场之间才会有相对运动，转子导体才会切割磁力线感应出电动势和电流，转子才会受到电磁力作用而继续旋转。可见，n 不等于 n_1 且 $n < n_1$ 是异步电动机工作的必要条件。

转差率：旋转磁场的同步转速和电动机转速的差与同步转速之比称为转差率。

$$s = \left(\frac{n_1 - n}{n_1} \right) \times 100\%$$

电动机启动瞬间，$n = 0$，$s = 1$，转子切割相对速度最大，感应电动势、电流最大；反映在定子上，电动机的启动电流也很大，可达 4～7 倍的额定电流。

电动机空载阻力很小，转速很高，s 很小，一般在 0.005 左右，转子感应电动势、电流较小；反映在定子上，电动机的空载电流也较小，一般为 0.3～0.5 倍额定电流。

【例2】 一台三相异步电动机，其额定转速 $n_N = 975 \text{r/min}$，电源频率 $f = 50 \text{Hz}$。试求电动机的极对数和额定负载下的转差率。

解：根据异步电动机转子转速与旋转磁场同步转速的关系可知：$n_1 = 1000 \text{r/min}$，即 $p = 3$。则额定转差率为：

$$s = \frac{n_1 - n}{n_1} \times 100\% = \frac{1000 - 975}{1000} \times 100\% = 2.5\%$$

3. 型号及铭牌

（1）铭牌。

三相异步电动机的铭牌如图 1-1-11 所示。

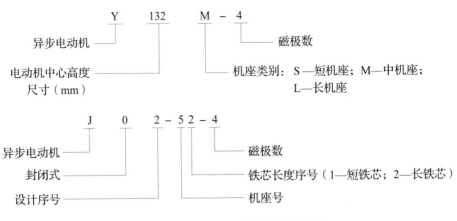

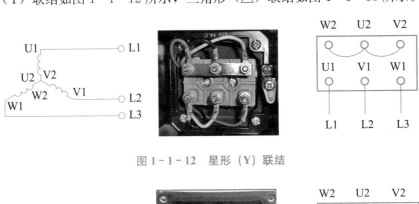

图 1-1-11　三相异步电动机的铭牌

（2）接法。

星形（Y）联结如图 1-1-12 所示，三角形（△）联结如图 1-1-13 所示。

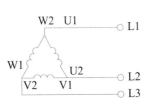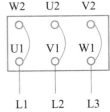

图 1-1-12　星形（Y）联结

图 1-1-13　三角形（△）联结

（3）额定电压。

电动机在额定状态运行时，定子绕组上应加的线电压值称为额定电压。

例如：380/220V、Y/△，是指线电压为 380V 时，采用星形联结；线电压为 220V 时，采用三角形联结。

（4）额定电流。

电动机在额定状态运行时，定子绕组的线电流值称为额定电流。

例如：Y/△，6.73/11.64A，表示星形联结下电动机的线电流为 6.73A；三角形联结下线电流为 11.64A。两种接法下的相电流均为 6.73A。

（5）额定功率与效率。

额定功率是指电动机在额定状态运行时轴上输出的机械功率 P_2，它不等于从电源吸取的电功率 P_1。

$$P_1 = \sqrt{3}U_N I_N \cos\varphi \qquad \eta = \frac{P_2}{P_1}$$

功率选得过大会不经济；功率选得过小，电动机容易因过载而损坏。

1）对于连续运行的电动机，所选功率应等于或略大于生产机械的功率。

2）对于短时工作的电动机，允许在运行中有短暂的过载，故所选功率可等于或略小于生产机械的功率。

（6）功率因数。

三相异步电动机在额定负载时功率因数最高，为 0.7～0.9；空载时功率因数很低，只有 0.2～0.3。功率因数曲线如图 1-1-14 所示。

注意：实际应用中应选择容量合适的电动机，防止出现"大马拉小车"的现象。

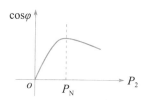

图 1-1-14 功率因数曲线

（7）额定转速。

电动机在额定电压、额定负载下运行时的转速。

$$额定转差率 \; s_N = \frac{n_0 - n_N}{n_0}$$

（8）绝缘等级。

电动机绝缘材料能够承受的极限温度等级分为 A、E、B、F、H 五级，A 级最低（105℃），H 级最高（180℃）。温升是指绕组的工作温度与环境温度（一般指室温 35℃，有些国产电动机规定为 40℃）的差值。绝缘材料的耐热等级和极限工作温度见表 1-1-2。

表 1-1-2　绝缘材料的耐热等级和极限工作温度

耐热等级	绝缘材料允许温度/℃	电动机允许温升/℃
Y	90	
A	105	60
E	120	75
B	130	80
F	155	100
H	180	125
C	180 以上	125

（9）工作方式（定额）。

定额指电动机在额定状态运行时，允许连续使用时间的长短，是选择电动机的重要依据。定额也称为工作方式或运行方式，按运行持续的时间分为连续、短时和断续 3 种基本工作制。

1）连续工作制。代号为 S1，是指电动机在铭牌上规定的额定值条件下能够长时间连续运行。适用于水泵、鼓风机等恒定负载的设备。

2）短时工作制。代号为 S2，是指电动机在铭牌上规定的额定值条件下能在限定的时间内短时运行。规定的标准持续时间定额有 10、30、60 和 90min 四种。适用于转炉的倾炉装置及闸门的驱动装置等。

3）断续周期工作制。代号为 S3，是指电动机在铭牌规定的额定条件下只能断续周期性地运行。一个工作周期为电动机恒定负载运行时间加停歇时间，规定为 10min。负载持续率（额定负载持续时间与一个工作周期时间之比，用百分数表示）规定的标准有 15%、25%、40% 及 60% 四种。如标明 25% 则表示电动机在 10min 周期内运行 2.5min，停歇 7.5min。适用于升降机、起重机等设备。

 任务实施

对三相异步电动机进行拆卸，记录操作中的工艺要求，对拆卸后的三相异步电动机进行内部结构的认知，并分析其工作原理。

1. 拆卸

拆卸前应准备好各种工具，做好记录和检查工作，在线头、端盖、刷握等处做好标记，以便装配。

中小型异步电动机的拆卸步骤如下：

（1）拆除电动机的所有引线。

（2）拆卸带轮或联轴器。

先将带轮或联轴器上的固定螺钉或销子松脱或取下，再用专用工具"拉马"转动丝杠，把带轮或联轴器慢慢拉出。

（3）拆卸风扇或风罩。

拆卸带轮后就可以把风罩卸下来，然后取下风扇上的定位螺栓，用锤子轻敲风扇四周，便可轻松将其旋卸下来或从轴上顺槽拔出。

（4）拆卸轴承盖和端盖。

小型电动机一般只拆风扇一侧的端盖。

（5）抽出转子。

对于笼型转子，直接从定子腔中抽出即可。

大部分常见的电动机都可依照上述步骤，由外到内顺序拆卸，拆卸后的各部分如图 1-1-15 所示。对于具有特殊结构的电动机来说，应结合具体情况酌情处理。

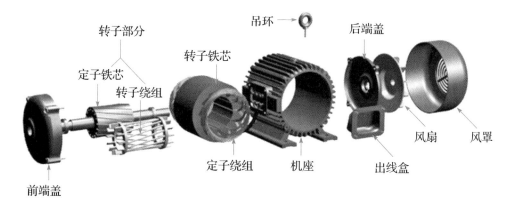

图 1-1-15　电动机主要部件

当电动机容量很小或电动机端盖与机座配合很紧不易拆下时，可用锤子（或在轴的前端垫上硬木块）敲击，使后端盖与机座脱离，然后把后端盖连同转子一同抽出机座。三相笼型异步电动机拆卸训练记录填入表 1-1-3。

表 1-1-3　三相笼型异步电动机拆卸训练记录

步骤	内容	工艺要求
1	拆卸前的准备工作	1. 拆卸地点： 2. 拆卸前做好记号。 （1）端盖与机座间记号： （2）前后轴承记号： （3）机座在基础上的记号：
2	拆卸顺序	1. 2. 3. 4. 5. 6.

续表

步骤	内容	工艺要求
3	拆卸带轮或联轴器	1. 使用工具： 2. 工艺要点：
4	拆卸端盖	1. 使用工具： 2. 工艺要点：
5	检测数据	1. 定子铁芯内径、铁芯长度（mm）： 2. 转子铁芯外径、铁芯长度、转子总长（mm）： 3. 轴承内径、外径（mm）：
6	拆卸绕组	1. 使用工具： 2. 工艺要点：

2. 装配

完成一台小容量三相异步电动机的装配任务，并整理装配步骤和工艺要求，理解电动机铭牌数据和"异步"的含义。

电动机的装配顺序与拆卸顺序大致相反。装配时要注意清洁各部分零部件，定子内绕组端部、转子表面都要吹刷干净，不能有杂物。

（1）定子部分。

主要包括定子绕组的绕制、连接、嵌放、封槽口、端部整形，以及接线、绕组的绝缘浸漆、烘干处理等程序。

（2）安放转子。

安放转子时要特别小心，避免碰伤定子绕组。

（3）加装端盖。

装端盖时，可用木锤均匀地敲击端盖四周，然后按对角线对称地拧紧螺钉，不要一次拧到底。端盖固定后，用手转动电动机的转子，转子应转动灵活、均匀，无停滞或偏轴现象。

（4）装风扇和风罩。

（5）接好引线，装好接线盒及铭牌。

三相笼型异步电动机的装配训练记录填入表1-1-4。

表1-1-4 三相笼型异步电动机的装配训练记录

步骤	内容	工艺要求
1	装配前的准备工作	1. 装配地点： 2. 装配前的准备：
2	装配顺序	1. 2. 3. 4. 5. 6.
3	工艺要点记录	

3. 三相异步电动机通电前的检查

（1）检查机械部分的装配质量。

包括所有紧固螺钉是否拧紧，转子转动是否灵活、无扫膛、无松动，轴承是否有杂声等。

（2）测量绕组的绝缘电阻。

用绝缘电阻表测量电动机各相绕组之间及每相绕组与地（机壳）之间的绝缘电阻。对于绕线式异步电动机还要测量转子绕组、集电环对机壳和集电环之间的绝缘电阻。测量前应对绝缘电阻表进行检验，同时要拆除电动机出线端子上的所有外部接线、星形或三角形连接片。按要求，电动机每1kV工作电压的绝缘电阻不得低于1MΩ。电压在1kV以下、容量为1000kW及以下的电动机，其绝缘电阻应不低于0.5MΩ。

（3）检查绕组的三相直流电阻。

要求电动机的定子绕组、绕线式异步电动机转子绕组的三相直流电阻偏差应不小于2%。对某些只更换个别线圈的电动机，直流电阻偏差应不超过5%，若出现短路、断路、接地等现象，需对故障进行处理。

4. 电动机的空载试车

空载试车的目的是检查电动机通电空转时的状态是否符合要求。按铭牌要求接好电源线，在机壳上接好保护接地线进行空载试车，具体内容与要求如下：

（1）运行时检查电动机的通风冷却和润滑情况。

电动机的通风应良好，风扇与风扇罩应无相互擦碰的现象，轴承应转动均匀、润滑良好。

（2）判断电动机运行音量是否正常。

电动机运行音量应均匀，不得有嗡嗡声、擦碰声等异常声音。

（3）测量空载电流。

在保证三相电压平衡的情况下，可以用配电柜上的电流表或钳形电流表检测空载电流。检测时应注意两个问题：一是空载电流与额定电流的百分比应在规定范围内；二是三相电流的不平衡程度，在 5％左右即视为合格，若超过 10％应视为不合格（即故障）。

（4）检查电动机温升是否正常。

三相电动机的有关检查数据记录见表 1-1-5。

表 1-1-5　三相电动机的有关检查数据记录

铭牌额定值	电压_____ V，电流_____ A，转速_____ r/min，功率_____ kW，接法_____。		
实际检测	三相电源电压	U_{UV}_____ V	U_{VW}_____ V	U_{WU}_____ V
	三相绕组电阻	$U_相$_____ Ω	$V_相$_____ Ω	$W_相$_____ Ω
	绝缘电阻　对地电阻	U 相对地_____ MΩ	V 相对地_____ MΩ	W 相对地_____ MΩ
	相间绝缘	UV 间_____ MΩ	VW 间_____ MΩ	WU 间_____ MΩ

技能检测

一、填空题

1. 三相交流异步电动机是根据（　　　）原理，把（　　　）转换成机械能并输出机械转矩的原动机。

2. 三相异步电动机可分为（　　　）和（　　　）两大类。

3. 三相交流异步电动机由（　　　）和（　　　）两大部分组成。

4. 三相交流异步电动机的定子由（　　　）（　　　）和（　　　）组成。

二、选择题

1. 三相交流异步电动机的额定转速（　　　）。

A. 大于同步转速　　　B. 小于同步转速　　　C. 等于同步转速　　　D. 小于转差率

2. 6极三相异步电动机的同步转速为(　　　)r/min。

A. 3000　　　　　　B. 1500　　　　　　C. 1000　　　　　　D. 750

3. 三相异步电动机的额定电压指的是(　　　)。

A. 相电压　　　　　B. 线电压　　　　　C. 由绕组的不同接法而确定

4. 环境十分潮湿的场合应采用(　　　)电动机。

A. 封闭式　　　　B. 开启式　　　　　C. 防爆式　　　　　D. 防护式

5. 要使三相异步电动机的旋转磁场方向改变,只需要改变(　　　)。

A. 电源电压　　　　B. 电源相序　　　　C. 电源电流　　　　D. 负载大小

6. 三相交流异步电动机的额定功率是指(　　　)。

A. 输入的视在功率　　　　　　　　B. 输入的有功功率

C. 产生的电磁功率　　　　　　　　D. 输出的机械功率

7. 在三相交流异步电动机的定子上布置结构完全相同、空间位置互差120°电角度的三相绕组,分别通入(　　　),在定子与转子的空气间隙将会产生旋转磁场。

A. 直流电　　　　　B. 交流电　　　　　C. 脉动直流电　　　　D. 三相对称交流电

8. 在三相异步电动机中,转子的旋转方向与定子的旋转磁场方向(　　　)。

A. 相反　　　　　　B. 相同　　　　　　C. 视电流的方向而定

三、判断题

(　　　)1. 要使三相异步电动机反转,只要改变定子绕组任意两相绕组的相序即可。

(　　　)2. 三相异步电动机的转子转速不可能大于其同步转速。

(　　　)3. 三相异步电动机的额定功率是指输出的机械功率。

四、简答题

1. 三相异步电动机产生旋转磁场的条件是什么?

2. 三相异步电动机的转子转向由什么决定?怎样改变其转向?

3. 电动机缺相或断线运行,会对电动机产生什么影响?

任务评价					
学生姓名：				工作任务： 三相笼型异步电动机的拆装训练	
项次	项目与技术要求	配分	学生自我评估		教师评估	
			实测记录	结果分值	实测记录	结果分值
1. 拆卸前的准备工作	拆卸前所做记号是否正确	10				
2. 拆卸顺序	拆卸顺序是否正确	30				
3. 检测数据	检测数据是否正确	5				
4. 装配前的准备工作	装配前的准备工作	10				
5. 装配顺序	装配顺序是否正确	30				
6. 工艺要点记录	工艺要点记录	5				
7. 操作	注意安全，遵守操作规程	10				
8. 时间	每超时 10 分钟扣 5 分，超出 30 分钟总评按不及格计					
			总计：		总计：	

说明：

安全文明操作；工具、仪器、仪表摆放有序；工作结束后能按要求整理及打扫环境卫生；若出现安全事故，总评按不及格计。

任务总结与反思						
班级：		姓名：	学号：	分组号：		用时：

任务名称：

评价项目	评价内容	评价效果			
		非常满意	满意	基本满意	不满意
方法能力	我能够合理安排自己的日常学习生活（按时起床，着装得体，准时到达教学活动场所）				
	我能够对所学知识标记重点并说出关键词				
	我能够在有计划的前提下开始实操训练，并主动记录项目实施的心得体会				
社会能力	我能够与同学友好交往				
	我能够主动参与小组工作任务并真诚表达自己的观点				
	我能够真实地反馈自己的工作结果，并能主动向他人寻求必要的帮助				
专业能力	我能够看懂电气原理图、安装接线图并掌握相关知识				
	我能够正确使用电工工具和仪器、仪表				
	我清楚各操作环节的安全注意事项				

三相异步电动机单向运行点动 控制电路的安装与调试

知识目标

- 了解低压电器基本知识。
- 熟悉低压开关、熔断器、接触器及按钮的结构、工作原理及使用方法。
- 掌握三相异步电动机单向运行点动控制电路的构成和工作原理。

技能目标

- 能够绘制三相异步电动机单向运行点动控制电路的电器布置图。
- 能够绘制三相异步电动机单向运行点动控制电路的电气安装接线图。
- 能够按照电气原理图、电器布置图和安装接线图完成三相异步电动机单向运行点动控制电路的安装及电气控制电路的调试。

实训任务

在实训设备上，根据电气原理图和安装接线图完成三相异步电动机单向运行点动控制电路的安装及调试。即按下启动按钮，电动机运转；松开启动按钮，电动机停转。

具体流程如下：

（1）按照电气原理图绘制安装接线图。

（2）向小组成员及授课教师展示结果并确定正确与否。

（3）根据绘制好的安装接线图进行装接。

（4）自检、交验、通电试车并进行自我评估。

任务准备

（1）按照要求穿着工装进入实训室。

（2）领取实训所需的电工工具、仪器、仪表。

（3）识读三相异步电动机单向运行点动控制电路电气原理图。

（4）配齐所需元器件并进行安装前检查。

（5）按照安装接线图要求，进行元器件安装、接线及电气控制电路的调试。

 知识学习

1. 低压电器基本知识

凡是根据外界特定的信号或要求，自动或手动接通和断开电路，断续或连续地改变电路参数，实现对电路或非电现象的切换、控制、保护、检测和调节的电气设备均称为电器。

根据工作电压的高低，电器可分为高压电器和低压电器。

低压电器元件是指用于交流 50Hz、额定电压交流 1200V 以下或直流 1500V 以下的电路中，对电能的生产、输送、分配和使用起控制、调节、检测、转换及保护作用的电工器械。在机床电气控制电路中，低压电器元件主要起通断、保护、控制或调节作用。

2. 低压电器的分类

按电器的动作性质分：手动电器和自动电器。

按电器的性能和用途分：控制电器和保护电器。

按有无触头分：有触头电器和无触头电器。

按工作原理分：电磁式电器和非电量控制电器。

3. 低压开关

低压开关主要作隔离、转换、接通和分断电路用，多数用作机床电路的电源开关和局部照明电路的控制开关，有时也可用于直接控制小容量电动机的启动、停止和正/反转。

常用的低压开关有刀开关、低压断路器、组合开关等。

（1）刀开关。

刀开关俗称闸刀开关，在电路中主要起通断和隔离电源的作用，分为开启式负荷开关和封闭式负荷开关两大类。

胶盖闸刀开关又称开启式负荷开关，多用于不频繁操作的低压电路中，如一般照明电路和功率低于 5.5kW 的电动机的直接启动和停机电路等。

1）刀开关型号的含义。

刀开关型号的含义如图 1-2-1 所示。

图 1-2-1　刀开关型号的含义

2）刀开关的结构与工作原理。

开启式负荷开关由瓷质底座、瓷柄、闸刀、胶盖等部分组成。其中，瓷质底座上装有进线座、静触头、熔体、出线座和刀片式动触头。

HK 系列负荷开关由刀开关和熔断器组合而成，如图 1-2-2 所示。工作时，动触头（触刀）通过与底座上的静触头（刀夹座）相接触（或分离），以接通（或分断）电路。

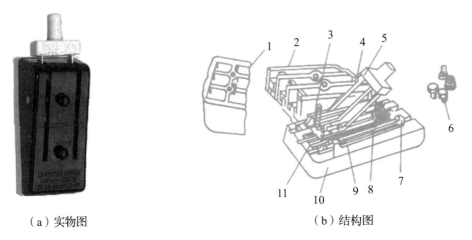

（a）实物图　　　　　　　　　　（b）结构图

图 1-2-2　HK 系列负荷开关

1—上胶盖；2—下胶盖；3—插座；4—触刀；5—瓷柄；6—胶盖紧固螺母；
7—出线座；8—熔体；9—触刀座；10—瓷底板；11—进线座

3）刀开关的图形符号及文字符号。

刀开关的图形符号及文字符号如图 1-2-3 所示。

4）刀开关的主要技术参数。

刀开关的主要技术参数包括额定电流、额定电压、极数、控制容量等。

5）刀开关的选择。

①用于照明和电热负载时，选用额定电压 220V 或 250V、额定电流不小于电路所有负载额定电流之和的两极开关。

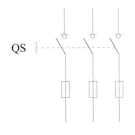

图 1-2-3　刀开关的图形符号及文字符号

②用于控制电动机的直接启动和停止时，选用额定电压 380V 或 500V、额定电流不小于电动机额定电流 3 倍的三极开关。

6）刀开关的安装与使用。

①开启式负荷开关必须垂直安装在控制屏或开关板上，且合闸状态时手柄应朝上，不允许倒装或平装，以避免由于重力自动下落而引起误合闸事故。

②接线时应把电源进线接在静触头一边的进线座，负载接在动触头一边的出线座，这样在开关断开后，刀开关的刀片与电源隔离，既便于更换熔体，又可防止可能发生的意外事故。

③更换熔体时，必须在闸刀断开的情况下按原规格更换。

④在分闸和合闸操作时，动作应迅速，以使电弧尽快熄灭。

（2）自动空气开关。

自动空气开关又叫低压断路器或自动空气断路器，简称断路器。用于不频繁地接通和断开电路以及控制电动机的运行。当电路中发生严重过载、短路及失电压等故障时，能自动切断故障电路，有效地保护接在它后面的电气设备。

1）低压断路器的外形及结构。

低压断路器的外形如图1-2-4所示，实物及结构如图1-2-5所示。

图1-2-4 低压断路器的外形

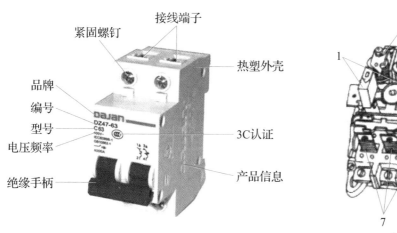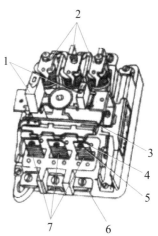

图1-2-5 低压断路器的实物及结构

1—按钮；2—电磁脱扣器；3—自由脱扣器；4—动触头；5—静触头；6—接线柱；7—热脱扣器

2）低压断路器的工作原理。

低压断路器的工作原理如图1-2-6所示。使用时，断路器的三副主触头串联在被控制的三相电路中，按下接通按钮时，外力使锁扣克服反作用弹簧的反作用力，将固定在锁链上面的动触头与静触头闭合，并由搭钩锁住锁链，使动、静触头保持闭合，开关处于接通状态。

低压断路器

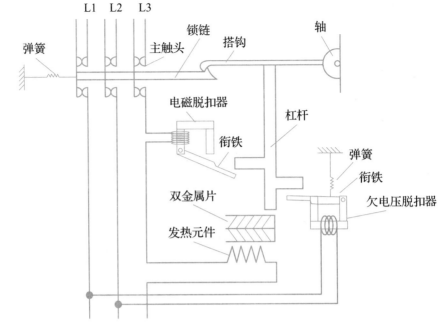

图 1-2-6　低压断路器的工作原理

当电路发生过载时，过载电流流过发热元件产生一定的热量，使双金属片受热向上弯曲，通过杠杆推动搭钩与锁链脱开，在反作用弹簧的推动下，动、静触头分开，从而切断电路，使用电设备不致因过载而烧毁。

当电路发生短路时，短路电流超过电磁脱扣器的瞬时脱扣整定电流，电磁脱扣器产生足够大的吸力将衔铁吸合，通过杠杆推动搭钩与锁链分开，从而切断电路，实现短路保护。

当电路电压正常时，欠电压脱扣器的衔铁被吸合，衔铁与杠杆脱离，断路器的主触头能够闭合；当电路上的电压消失或下降到某一数值时，衔铁在弹簧作用下向上撞击杠杆，将搭钩顶开，使触头分断。

3）低压断路器的图形符号及文字符号。

低压断路器的图形符号及文字符号如图 1-2-7 所示。

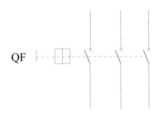

图 1-2-7　低压断路器的图形符号及文字符号

4）DZ5-20 型低压断路器型号的含义。

DZ5-20 型低压断路器型号的含义如图 1-2-8 所示。

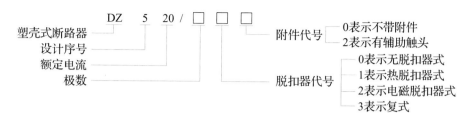

图 1-2-8   DZ5-20 型低压断路器型号的含义

5）低压断路器的安装与使用。

①低压断路器应垂直于配电板安装，电源引线接到上端，负载引线接到下端。

②低压断路器用作电源总开关或电动机的控制开关时，在电源进线侧必须加装刀开关或熔断器等，以形成明显的断开点。

③低压断路器使用前应将脱扣器工作面的防锈油脂擦干净；各脱扣器动作值一经调整好，不允许随意变动，以免影响其动作。

④使用过程中若遇分断短路电流，应及时检查触头系统，若发现电灼烧痕，应及时修理或更换。

⑤断路器上的积尘应定期清除，并定期检查各脱扣器动作值，给操作机构添加润滑剂。

6）低压断路器的检测。

首先进行外观检测，检查接线螺钉是否齐全，操作机构应灵活无阻滞，动、静触头应分合迅速，松紧一致。

然后用万用表电阻挡测试各组触头是否全部接通，若不是，则说明开关已坏。

当低压断路器闭合时，各触头应全部接通，测量的电阻值应该接近零；当低压断路器断开时，各触头应全部断开，测量的电阻值应该无穷大。

低压断路器的检测记录见表 1-2-1。

表 1-2-1   低压断路器的检测记录

型号	级数					主要零部件	
						名称	作用
分闸时触头接通电阻			合闸时触头接通电阻				
L1 相	L2 相	L3 相	L1 相	L2 相	L3 相		
相间绝缘电阻							
L1-L2		L2-L3		L3-L1			

4. 熔断器

熔断器在低压配电网络和电力拖动系统中的主要作用是短路保护，应串联在被保护的电路中。正常情况下，熔断器中的熔体相当于一段导线，当电路发生短路故障时，熔体受热迅速熔断而断开电路，以保护电路和电气设备的安全。

（1）熔断器的结构。

熔断器主要由熔体（俗称熔丝）、安装熔体的熔管和熔座三部分组成。熔断器的外观如图1-2-9所示。

图1-2-9　熔断器的外观

熔体是熔断器的核心，常做成丝状、片状或栅状，制作熔体的材料一般有铅锡合金、锌、铜、银等。

熔管是熔体的保护外壳，用耐热绝缘材料制成，在熔体熔断时兼有灭弧作用。

熔座是熔断器的底座，作用是固定熔管和外接引线。

熔断器按照结构形式分为半封闭插入式、无填料封闭管式、有填料封闭管式、螺旋自复式等。

（2）熔断器的型号。

常见的熔断器的型号有RL1、RT0、RT15、RT18等，可根据使用场合酌情选择。熔断器型号的含义及电气符号如图1-2-10所示。

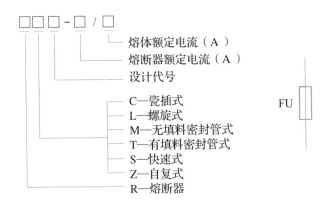

图1-2-10　熔断器型号的含义及电气符号

（3）熔断器的主要技术参数。

额定电压：熔断器长期工作所能承受的电压。

额定电流：保证熔断器能长期正常工作的电流。

分断能力：在规定的使用和性能条件下，规定电压下的熔断器能分断的预期分断电流值。

时间—电流特性：又称保护特性，表示熔断器的熔断时间与流过熔体电流的关系。熔断器的熔断时间随着电流的增大而减小，即反时限保护特性。

（4）熔断器的选用。

熔断器是一种短路保护电器，只有经过正确的选择才能起到应有的保护作用，选择熔断器的基本原则如下：

1）对照明和电热等设备的短路保护，熔体的额定电流应等于或稍大于负载的额定电流。

2）对一台不经常启动且启动时间不长的电动机的短路保护，应有：

$$I_{RN} \geqslant (1.5 \sim 2.5) I_N$$

3）对多台电动机的短路保护，应有：

$$I_{RN} \geqslant (1.5 \sim 2.5) I_{Nmax} + \sum I_N$$

（5）熔断器的安装与使用。

1）用于安装使用的熔断器应完整无损。

2）熔断器安装时应保证熔体与夹头、夹头与夹座接触良好。

3）熔断器内要安装合格的熔体。

4）更换熔体或熔管时，必须切断电源。

5）对 RM10 系列熔断器，在切断过 3 次相当于分断能力的电流后，必须更换熔断管。

6）熔体熔断后，应先分析原因并排除故障，再更换新的熔体。

7）熔断器兼作隔离器件使用时，应安装在控制开关的电源进线端。

（6）熔断器的检测。

熔断器的检测记录填入表 1-2-2。

表 1-2-2　熔断器的检测记录

插入式熔断器	螺旋式熔断器	拆卸步骤 （螺旋式熔断器）	主要零部件 （螺旋式熔断器）	
型号			名称	作用
取下瓷盖（不装熔体）				
输入端和输出端 接触电阻	输入端和输出端 接触电阻			
合上瓷盖（装入熔体）				
输入端和输出端 接触电阻	输入端和输出端 接触电阻			

5. 交流接触器

接触器是一种自动的电磁式开关，适用于远距离频繁地接通或断开交、直流电路及大容量控制电路，按主触头上通过电流的类型，可分为交流接触器和直流接触器两类。接触器实物如图 1-2-11 所示。

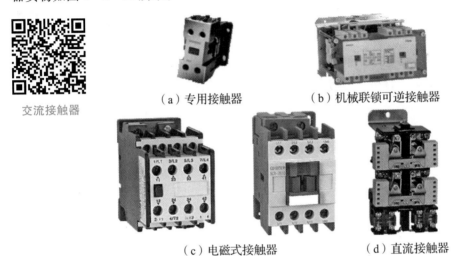

交流接触器

（a）专用接触器　　　　　　　（b）机械联锁可逆接触器

（c）电磁式接触器　　　　　　　（d）直流接触器

图 1-2-11　接触器实物

接触器的主要控制对象是电动机，也可用于控制其他负载，如电热设备、电焊机及电容器组等，能够实现远距离自动操作和欠电压释放保护，具有控制容量大、工作可靠、操作频率高、使用寿命长等优点。

（1）接触器的结构。

接触器主要由电磁系统、触头系统、灭弧系统及辅助系统等组成，其结构如图 1-2-12 所示。

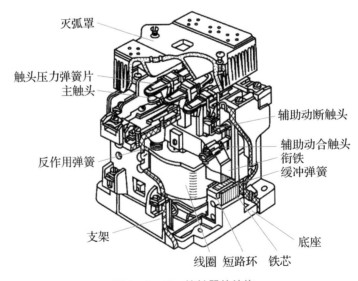

图 1-2-12　接触器的结构

电磁系统：电磁系统用于操作触头的闭合和分断，由静铁芯、线圈和衔铁组成。

主触头和灭弧系统：主触点用于通断电流较大的主电流，一般由接触面积较大的常开触头组成。

辅助触头：辅助触头用于通断小电流控制电路，由常开触头和常闭触头成对组成。

辅助部件：包括反作用弹簧、缓冲弹簧、触头压力弹簧片等。

支架和底座：用于接触器的固定和安装。

（2）接触器型号的含义及符号。

接触器型号的含义及符号如图 1-2-13 所示。

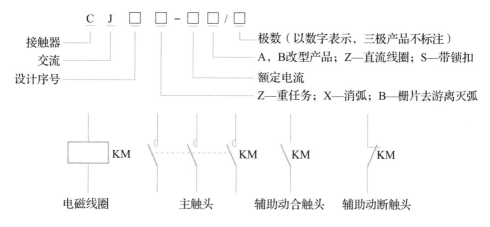

图 1-2-13　接触器型号的含义及符号

（3）交流接触器的工作原理。

交流接触器的工作原理如图 1-2-14 所示。当线圈通电后，线圈电流产生磁场，使静铁芯产生足够的吸力，并克服弹簧的反作用力，将衔铁吸合，通过传动机构带动2、3、4对主触头和辅助常开触点闭合，辅助常闭触点断开。

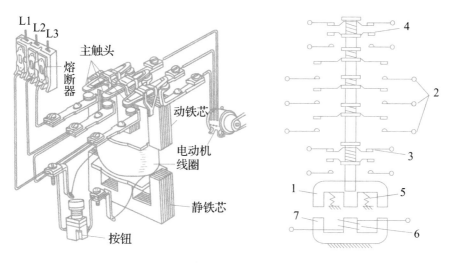

图 1-2-14　交流接触器的工作原理

当线圈断电时，静铁芯的电磁吸引力消失，动铁芯在反作用弹簧力的作用下释放，各触头随之复位。

（4）接触器的选用原则。

1）控制交流负载应选用交流接触器，控制直流负载应选用直流接触器。

2）接触器的使用类别应与负载性质一致。

3）主触头的额定工作电压应大于或等于负载电路的电压。

4）主触头的额定工作电流应大于或等于负载电路的电流。

5）主触头的额定工作电流是指在规定条件（涉及额定工作电压、使用类别、操作频率等）下能够正常工作的电流值，当实际情况发生变化时，这个电流值也将随之改变。

6）吸引线圈的额定电压应与控制回路电压一致，接触器在线圈额定电压85%及以上时才能可靠地吸合。

7）主触头和辅助触头的数量应能满足控制系统的需要。

（5）接触器的检测。

接触器的检测记录见表1-2-3。

表1-2-3　接触器的检测记录

型号		容量		拆卸步骤	主要零部件	
					名称	作用
触头数						
主触头	辅助触头	辅助动合（常开）触头	辅助动断（常闭）触头			
触头电阻						
动合（常开）触头		动断（常闭）触头				
动作前	动作后	动作前	动作后			
线圈						
电压		电阻				

6. 按钮

按钮是一种通过人体某一部分（一般为手指或手掌）施加力而动作的操动器，并具有储能（弹簧）复位功能的控制开关，属于主令电器。

按钮的触头允许通过的电流较小，一般不超过5A，因此一般情况下它不直接控制主电路的通断，而是在控制电路中发出指令或信号去控制接触器、继电器等电器，再由它们去控制主电路的通断、功能转换或电气联锁。

（1）按钮型号的含义。

按钮型号的含义如图1-2-15所示。

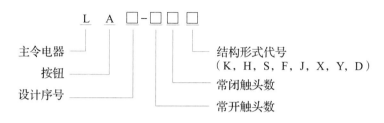

图1-2-15　按钮型号的含义

（2）按钮的外形及结构。

常见按钮的外形如图1-2-16所示。

图1-2-16　常见按钮的外形

按钮一般由按钮帽、复位弹簧、桥式动触头、静触头、外壳及支柱连杆等组成。按钮的结构如图1-2-17所示。

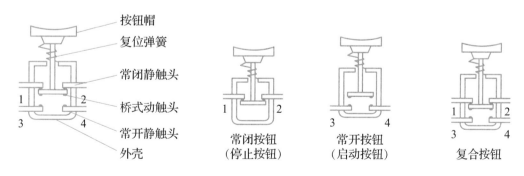

图1-2-17　按钮的结构

（3）按钮的种类及电气符号。

根据静态时触头的分合状态，按钮可分为动断按钮（停止按钮）、动合按钮（启动按钮）和复合按钮3种。按钮的文字符号及图形符号如图1-2-18所示。

（a）常开按钮　　（b）常闭按钮　　（c）复合按钮

图 1 - 2 - 18　按钮的文字符号及图形符号

（4）按钮的选择及使用。

按钮上通常涂有不同颜色以便区分，避免误操作。常见的颜色有红、绿、黄、蓝、白、黑等。其中，停止按钮用红色，启动按钮用绿色。按钮外设有金属防护挡圈，以防止意外触动按钮而产生误操作。

1）常开按钮：在控制电路中作启动按钮。未按下时，触头是断开的，按下后触头闭合，松开后按钮自动复位。

2）常闭按钮：在控制电路中作停止按钮。与常开按钮相反，未按下时，触头是闭合的，按下后触头断开，松开后按钮自动复位。

3）复合按钮：将常开和常闭按钮组合为一体。按下后，常闭触头先断开，常开触头再闭合；松开后，常开触头先断开，常闭触头再闭合。

（5）按钮的检测。

按钮的检测记录填入表 1 - 2 - 4。

表 1 - 2 - 4　按钮的检测记录

型号			拆卸步骤	主要零部件	
				名称	作用
触头数					
常开触头		常闭触头			
触头电阻					
常开触头		常闭触头			
动作前	动作后	动作前	动作后		

7. 三相异步电动机单向运行点动控制电路分析

点动控制是指按下按钮，电动机就得电运转；松开按钮，电动机就失电停转。这种方法常用于控制电动葫芦的起重电动机和车床拖板箱快速移动的电动机。

电气控制电路图是根据生产机械运动形式对电气控制系统的要求，采用国家统一规定的电气图形符号和文字符号，按照电气设备的工作顺序，详细表示电路、设备或成套装置的基本组成和连接关系的图样。

（1）电路组成。

三相异步电动机单向运行点动控制电路由电源电路、主电路和控制电路三部分组成。三相异步电动机单向运行点动控制电路的组成及各元件的功能见表1-2-5。

表1-2-5 三相异步电动机单向运行点动控制电路的组成及各元件的功能

序号	电路名称	电路组成	元件功能	备注
1	电源电路	QS	电源开关，起隔离电源的作用	水平绘制在电路图的上方
2		FU2	对控制电路进行短路保护	
3	主电路	FU1	对主电路进行短路保护	垂直于电源线，绘制在电路图的左侧
4		KM主触头	控制电动机M的启动和停止	
5		M	电动机	
6	控制电路	SB	控制接触器KM的线圈得电、失电	垂直于电源线，绘制在电路图的右侧
7		KM线圈	控制接触器KM的吸合和释放	

（2）工作原理。

启动：按下按钮SB→接触器KM线圈得电→KM主触头闭合→电动机M运转。

停止：松开按钮SB→接触器KM线圈失电→KM主触头分断→电动机M停转。

三相异步电动机的电气原理图如图1-2-19所示。

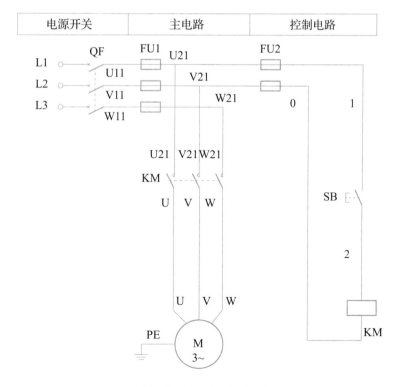

图1-2-19 电气原理图

8. 电气原理图的绘制原则

（1）一般原则。

1）以国标图形符号表示电气元器件。

2）主电路与辅助电路分开。

3）可以将同一个电器元件分解为几部分。

4）各电器元件的触头位置都按未受外力作用时的常态位置画出。

5）有直接电联系的交叉点用小黑点表示。

（2）电路各点标记。

1）从电源引入用 L1、L2、L3 表示。

2）开关之后用 U、V、W 表示。

3）电动机各分支电路用文字符号加阿拉伯数字表示。

4）控制电路用阿拉伯数字编号。

5）数字与图形符号组合，数字在后。

9. 加上热继电器的单向运行点动控制电路

在三相异步电动机单向运行点动控制电路的基础上，加上热继电器进行过载保护，分析其工作原理并完成安装接线图的绘制。三相异步电动机的电气原理图如图 1-2-20 所示，安装接线图如图 1-2-21 所示。

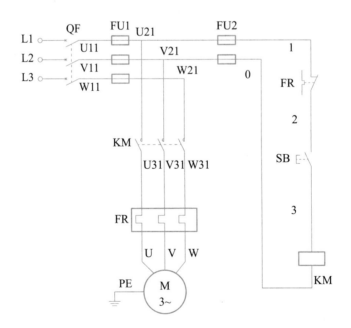

图 1-2-20　电气原理图

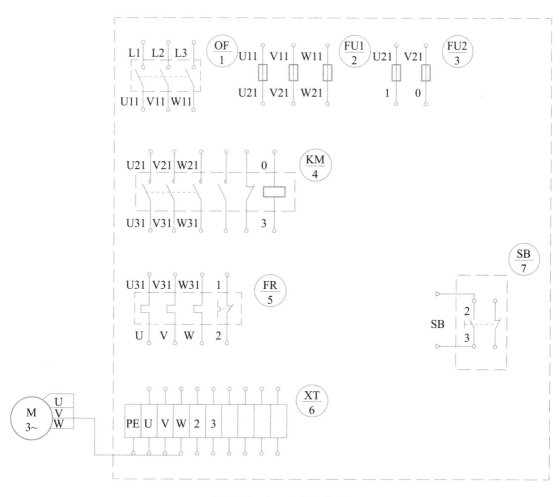

图 1 - 2 - 21　安装接线图

 任务实施

在实训设备上，按照控制要求完成元器件测试、安装与硬件接线，检查电路并进行故障排除。三相异步电动机的电气原理图如图 1 - 2 - 22 所示，电器布置图如图 1 - 2 - 23 所示，安装接线图如图 1 - 2 - 24 所示。

在明确实训任务的基础上，分析三相异步电动机单向运行点动控制电路电气原理图。即：按下启动按钮 SB，电动机开始运行；松开按钮 SB，电动机停止运行。

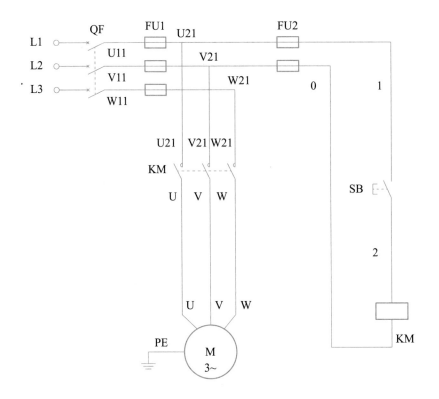

图 1 - 2 - 22　电气原理图

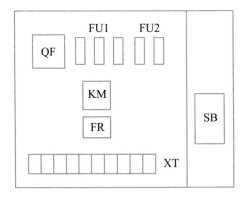

图 1 - 2 - 23　电器布置图

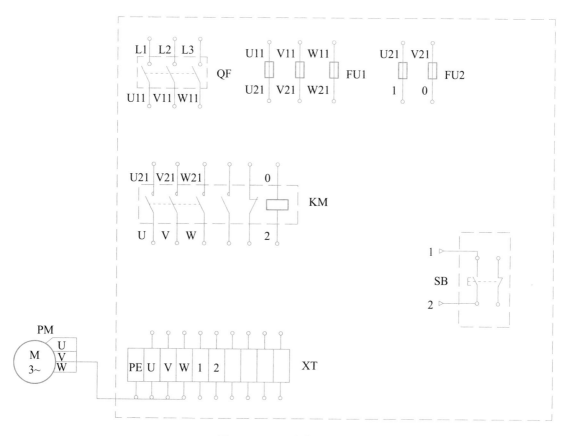

图 1 - 2 - 24　安装接线图

1. 安装

（1）布线。

一般从电源端开始按线号顺序接线，先接主电路，后接控制电路。选择适当截面的导线，截取合适的长度，剥去两端绝缘外皮。

按照安装接线图进行板前明线布线，工艺要求如下：

1）布线通道尽可能少，同路并行导线按主电路、控制电路分类集中，单层密排，紧贴安装面布线。

2）同一平面的导线应高低一致或前后一致，走线合理，不能交叉或架空。

3）对螺栓式接线端子，导线连接时应打钩圈，并按顺时针旋转；对瓦片式接线端子，导线连接时直线插入接线端子固定即可。导线连接不能压绝缘层，也不能露铜过长。

4）布线应横平竖直，分布均匀，变换走向时应垂直。

5）布线时严禁损伤线芯和绝缘材质。

6）所有从一个接线端子（或接线桩）到另一个接线端子的导线必须完整，中间无接头。

7）一个元器件接线端子上的连接导线不得多于两根，每节接线端子板上的连接导线一般只允许连接一根。

8）进出线应合理汇集在端子板上。

（2）检查布线。

根据安装接线图检查控制板布线是否正确。

（3）安装电动机。

根据安装接线图安装电动机。

2. 自检和电路测试

安装完毕的控制电路板，必须经过认真检查后才允许通电试车，以防止错接、漏接造成不能正常运转的情况或引发短路事故。

（1）按电路图或接线图从电源端开始，逐段核对接线及接线端子处线号是否正确，有无漏接、错接之处，检查导线接点是否符合要求，压接是否牢固。确保接触良好。

（2）用万用表检查电路的通断情况。

控制电路的检查（可断开主电路）：将表棒分别搭在 U21、V21 线端上，读数应为"∞"。按下启动按钮 SB 时，读数应为接触器线圈的直流电阻值。

主电路检查（可断开控制电路）：用手压下接触器的衔铁来代替接触器得电吸合时的情况进行检查，依次测量从电源端（L1、L2、L3）到电动机出线端子（U、V、W）上的每一相电路的电阻值，检查是否存在开路现象。

三相异步电动机单向运行点动控制电路的不通电测试记录填入表 1-2-6。

表 1-2-6　三相异步电动机单向运行点动控制电路的不通电测试记录

项目	主电路			控制电路（U21-V21）	
操作步骤	合上 QF，压下 KM 衔铁			按下 SB	压下 KM 衔铁
电阻值	L1-U	L2-V	L3-W		

（3）通电试车。

操作相应按钮，观察电器动作情况。

为保证人身安全，在通电试车时，要认真执行安全操作规程的有关规定，一人监护，一人操作。试车前应检查与通电试车有关的电气设备是否有不安全的因素存在，若查出应立即整改，然后方能试车。

通电试车前，必须征得教师同意，并由教师接通三相电源 L1、L2、L3。在教师的监护下，合上电源开关 QF，引入三相电源，按下启动按钮 SB，接触器 KM 的线圈通电，衔铁吸合，接触器的主触头闭合，电动机接通电源直接启动运转。松开 SB1 时，KM 的线圈失电，衔铁释放，接触器的主触头分断，电动机断电停止运行。

三相异步电动机单向运行点动控制电路的通电测试记录填入表 1-2-7。

表 1-2-7 三相异步电动机单向运行点动控制电路的通电测试记录

操作步骤	合上 QF	按下 SB	松开 SB
电动机动作或 接触器吸合情况			

（4）通电试车完毕，停转并切断电源。电路运行情况记录填入表 1-2-8。

表 1-2-8 电路运行情况记录

步骤	操作内容	观察内容	正确结果	观察结果	备注
1	先插上电源插头，再合上断路器	电源插头 断路器	已合闸		顺序不能颠倒
2	按下启动按钮 SB	接触器	吸合		单手操作 注意安全
		电动机	运转		
3	松开启动按钮 SB	接触器	释放		
		电动机	停转		
4	拉下断路器后，拔下电源插头	断路器 电源插头	已分断		做了吗？

（5）安装接线注意事项。

1）按钮内部接线时，用力不可过猛，以防螺钉打滑。

2）按钮内部的电路不要接错，启动按钮必须接动合（常开）触头。

3）电动机外壳必须可靠接 PE（保护接地）线。

4）实训应在规定时间内完成，按照要求清理工作区、整理工具。

 技能检测

一、填空题

1. 低压电器通常是指工作在交流（   ）V 及以下与直流（   ）V 及以下的电路中的电器。

2. 闸刀开关接线时应将（   ）接上接线柱，（   ）接下接线柱，否则在更换熔体时会发生触电事故。

3. 通常，闸刀开关应（   ）安装在控制屏或开关板上，不能（   ）装或（   ）装，接线时（   ）和（   ）不能接反，否则更换熔体时易发生触电事故。

4. 空气断路器作为开关及保护元件，具有（   ）（   ）（   ）等保护功能。

5. 熔断器在电器中主要起保护电路免受（   ）的损害。常常一根导线的形式（   ）联在电路中，每种规格的熔体都有（　　　）和（　　　）两个参数。

6. 对一台电动机负载的短路保护，熔体的额定电流应大于或等于（　　　）倍电动机的额定电流。

7. 交流接触器主要由（　　　）（　　　）（　　　）等部分组成。

8. 按钮的触头允许通过的电流很小，一般不超过（　　　）A，按用途和触头的结构不同分为（　　　）（　　　）和（　　　）。

9. 为了便于识别各个按钮的用途，常以（　　　）色代表停车，（　　　）色或（　　　）色代表启动。

二、选择题

1. 按下复合按钮时（　　　）。

A. 常开先闭合　　　　　B. 常闭先断开　　　　　C. 常开、常闭同时动作

2. 熔体的熔断电流一般是额定电流的（　　　）倍。

A. 1　　　　　　　　　B. 2　　　　　　　　　C. 3　　　　　　　　　D. 10

3. 接触器自锁控制电路，除具有接通或断开电路的功能外，还具有（　　　）功能。

A. 欠电压和失电压保护　　　　　　　　　B. 短路保护

C. 过载保护　　　　　　　　　　　　　　D. 零励磁保护

4. 在操作闸刀开关时，动作应当（　　　）。

A. 迅速　　　　　　　　B. 缓慢　　　　　　　　C. 平稳

5. DZ5 - 20 型低压断路器的电磁脱扣器用作（　　　）。

A. 过载保护　　　　　　B. 短路保护　　　　　　C. 欠电压保护

三、判断题

（　　　）1. 按钮也可以作为一种低压开关，通过手动操作完成主电路的接通和分断。

（　　　）2. 按下复合按钮时，常开、常闭同时动作。

（　　　）3. 接触器除用于通断电路外，还具备短路和过载保护功能。

（　　　）4. 流过主电路和辅助电路的电流相等。

（　　　）5. 点动控制是指按下按钮就可以使电动机启动并连续运转的控制方式。

四、分析电路

什么是点动控制？判断下图各电路能否实现点动控制。若不能，说明原因，并加以改正。

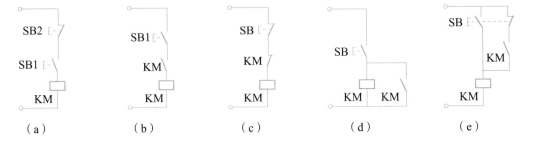

（a）　　　　　　（b）　　　　　　（c）　　　　　　（d）　　　　　　（e）

		任务评价			

任务名称： 　　　　　　　　　　　　　　　　　　　　　　　学生姓名：

考核项目	考核要求	评分标准	配分	评估	
				实测记录	结果分值
1. 安装前检查	正确检测元件，确保良好	电器元件错检或漏检扣 5 分	5		
2. 元件安装	1. 按照接线图布置元件 2. 正确固定元件	元件布置不整齐、不匀称、不合理，安装不紧固，漏装螺钉，损坏元件，扣 5 分	5		
3. 布线	1. 按图施工 2. 合理布线 3. 规范走线，做到横平竖直、无交叉 4. 规范接线，确保无线头松动、反圈、压皮、露铜过长及绝缘层损伤的情况 5. 正确编号	1. 不按电路图接线扣 20 分 2. 布线不合理、不美观，每根扣 3 分 3. 走线不横平竖直，每根扣 3 分 4. 接点松动、露铜过长、压绝缘层、反圈等，每处扣 3 分 5. 损伤导线绝缘层或线芯扣 5 分 6. 漏套或错套编码套管扣 2 分	50		
4. 通电试车	按照要求和步骤正确调试电路	1. 第一次试车不成功扣 10 分 2. 第二次试车不成功扣 20 分 3. 第三次试车不成功扣 30 分	30		
5. 工具使用	正确使用工具	损坏或错误使用扣 5 分	5		
6. 安全生产	注意安全，遵守操作规程	漏接接地线扣 5 分	5		
7. 时间	按规定时间操作	每超时 10 分钟扣 5 分，超出 30 分钟总评按不及格计			

总计：

说明：

安全文明操作；工具、仪器、仪表摆放有序；工作结束后能按要求整理及打扫环境卫生；若出现安全事故，总评按不及格计。

任务总结与反思				
班级：	姓名：	学号：	分组号：	用时：

任务名称：

评价项目	评价内容	评价效果			
		非常满意	满意	基本满意	不满意
方法能力	我能够合理安排自己的日常学习生活（按时起床，着装得体，准时到达教学活动场所）				
	我能够对所学知识标记重点并说出关键词				
	我能够在有计划的前提下开始实操训练，并主动记录项目实施的心得体会				
社会能力	我能够与同学友好交往				
	我能够主动参与小组工作任务并真诚表达自己的观点				
	我能够真实地反馈自己的工作结果，并能主动向他人寻求必要的帮助				
专业能力	我能够看懂电气原理图、安装接线图并掌握相关知识				
	我能够正确使用电工工具和仪器、仪表				
	我清楚各操作环节的安全注意事项				

三相异步电动机单向运行具有过载保护的接触器自锁控制电路的安装与调试

 知识目标

- 熟悉热继电器的结构、工作原理及使用方法。
- 掌握三相异步电动机单向运行具有过载保护的接触器自锁控制电路的构成和工作原理。

 技能目标

- 绘制三相异步电动机单向运行具有过载保护的接触器自锁控制电路的电气安装接线图。
- 根据电气原理图和安装接线图，完成三相异步电动机单向运行具有过载保护的接触器自锁控制电路的安装及电气控制电路的调试。

 实训任务

在实训设备上，根据电气原理图和安装接线图完成三相异步电动机单向运行具有过载保护的接触器自锁控制电路的安装及调试。要求该电路具有电动机连续运转控制功能，即按下启动按钮后，电动机连续运转；按下停止按钮后，电动机停转。

具体流程如下：

（1）按照电气原理图绘制安装接线图。

（2）向小组成员及授课教师展示结果并确定正确与否。

（3）根据绘制好的安装接线图进行装接。

（4）自检、交验、通电试车并进行自我评估。

任务准备

（1）按照要求穿着工装进入实训室。

（2）领取实训所需的电工工具、仪器、仪表。

（3）识读三相异步电动机单向运行具有过载保护的接触器自锁控制电路的电气原理图。

（4）配齐所需元器件并进行安装前检查。

（5）按照安装接线图要求，进行元器件安装、接线及电气控制电路的调试。

知识学习

1. 热继电器

热继电器是利用流过自身的电流所产生的热效应而反时限动作的继电器。反时限动作是指热继电器动作时间随电流的增大而减小。热继电器主要用于电动机的过载、断相、三相电流不平衡运动的保护及其他电气设备发热状态的控制。

（1）热继电器型号的含义。

常用的热继电器有 JR20、JRS1、3UA、THK、JR16B、T 系列等。每一系列的热继电器一般只能与相应系列的接触器配套使用，如 JR20 热继电器与 CJ20 接触器配套使用，T系列热继电器常与 B 系列交流接触器组合成电磁启动器等。

热继电器型号的含义如图 1-3-1 所示。

热继电器

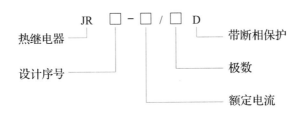

图 1-3-1　热继电器型号的含义

（2）热继电器的结构。

热继电器主要由加热元件、动作机构和复位机构三大部分组成。动作机构常设有温度补偿装置，确保在一定的温度范围内热继电器的动作特性基本不变。热继电器的结构如图 1-3-2所示，热继电器的实物及符号如图 1-3-3 所示。

1）热元件。热元件是热继电器的主要组成部分，由主双金属片和绕在外面的电阻丝组成。主双金属片是由两种膨胀系数不同的金属片复合而成，金属片的材料多为铁镍铬合金和铁镍合金。电阻丝一般用康铜或镍铬合金等材料制成。

2）动作机构和触头系统。动作机构利用杠杆传递方式及弓簧式瞬跳机构保证触头动作的速度和可靠性。触头为单断点弓簧跳跃式动作，一般为一个常开触头、一个常闭触头。

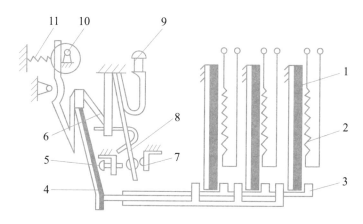

图1-3-2 热继电器的结构

1—主双金属片；2—电阻丝；3—导板；4—补偿双金属片；5—螺钉；6—推杆；7—静触头；
8—动触头；9—复位按钮；10—调节凸轮；11—弹簧

图1-3-3 热继电器的实物及符号

3）电流整定装置。通过旋钮和电流调节凸轮来调节推杆间隙，改变推杆移动距离，从而调节整定电流值。

4）温度补偿元件。温度补偿元件也为双金属片，其受热弯曲的方向与主双金属片一致，它能保证热继电器的动作特性在－30℃～40℃的环境范围内基本不受周围介质温度的影响。

5）复位机构。复位机构有手动和自动两种形式。可根据要求通过调节螺钉来自由选择。通常，自动复位时间不大于5min，手动复位时间不得大于2min。

（3）热继电器的工作原理。

热继电器工作时，将三相热元件分别串接在电动机的三相主电路中，常闭触头串接在控制电路的接触器线圈回路中。

当电动机过载时，流过热元件的电流增大，热元件产生的热量使双金属片向上弯曲，经过一定时间后，弯曲位移增大，推动板将常闭触头断开。常闭触头是串接在电动机的控制电路中的，控制电路断开使接触器的线圈断电，从而断开电动机的主电路。若要使热继电器复位，则按下复位按钮。

（4）热继电器的选择原则。

1）热继电器结构形式的选择：轻载启动、长期工作制的电动机或间断长期工作的电动机，一般可选用二极式热继电器。若电源电压均衡性和工作条件较差，可选用三极式热继电器。星形联结的电动机可选用两相或三相结构热继电器，三角形联结的电动机应选用带断相保护装置的三相结构热继电器。

2）热继电器中热元件的额定电流可按被保护电动机额定电流的 1～1.5 倍选择。热继电器的动作电流整定值一般为电动机额定电流的 1.05～1.1 倍（一般应等于电动机的额定电流）。

3）对于重复短时工作的电动机（如起重机电动机），由于电动机不断重复升温，热继电器双金属片的温升跟不上电动机绕组的温升，电动机将得不到可靠的过载保护。因此，不宜选用双金属片热继电器，而应选用过电流继电器或能反映绕组实际温度的温度继电器来进行保护。

（5）热继电器的检测。

热继电器基本结构及热元件电阻的检测记录填入表 1-3-1。热继电器的触头好坏检测记录填入表 1-3-2。

表 1-3-1　热继电器基本结构及热元件电阻的检测记录

型号		作用零部件	
		名称	作用
热元件电阻值			
L1 相	L2 相	L3 相	
额定电流值			

表 1-3-2　热继电器的触头好坏检测记录

型号		
触头数量		
触头好坏检测		
初始状态	95-96 电阻值	97-98 电阻值
按下过载测试钮		

2. 绘制、识读电气控制电路图的原则

电气控制电路图一般有 3 种：电气原理图、电气安装接线图和电器元件布置图。

（1）电气原理图。

电气原理图是根据生产机械运动形式对电气控制系统的要求，采用国家统一规定的电气图形符号和文字符号，按照电气设备和电器的工作顺序，详细表示电路、设备或成套装置的全部基本组成和连接关系，而不考虑其实际位置的一种简图。

1）电气原理图一般分电源电路、主电路和辅助电路三部分绘制。

①电源电路画成水平线，三相交流电源相序 L1、L2、L3 自上而下依次画出，中线 N 和保护地线 PE 依次画在相线之下。直流电源的"＋"端画在上边，"－"端在下边画出。电源开关要水平画出。

②主电路是指受电的动力装置及控制、保护电器的支路等。主电路图要画在电路图的左侧并垂直电源电路。

③辅助电路一般包括控制主电路工作状态的控制电路；显示主电路工作状态的指示电路；提供机床设备局部照明的照明电路等。辅助电路通过的电流都较小，一般不超过 5A。画辅助电路图时，辅助电路要跨接在两相电源线之间，一般按照控制电路、指示电路和照明电路的顺序依次垂直画在主电路图的右侧，且电路中与下边电源线相连的耗能元件（如接触器继电器的线圈、指示灯、照明灯等）要画在电路图的下方，而电器的触头要画在耗能元件与上边电源线之间。为读图方便，一般应按照自左至右、自上而下的排列来表示操作顺序。

2）电气原理图中，各电器的触头位置都按电路未通电或电器未受外力作用时的常态位置画出。分析原理时，应从触头的常态位置出发。

3）电气原理图中，不画各电器元件实际的外形图，而采用国家统一规定的电气图形符号画出。

4）电气原理图中，同一电器的各元件不按它们的实际位置画在一起，而是按其在电路中所起的作用分画在不同电路中，但它们的动作却是相互关联的，因此，必须标注相同的文字符号。

5）画电气原理图时，应尽可能减少线条和避免线条交叉。对有直接电联系的交叉导线连接点，要用小黑圆点表示；无直接电联系的交叉导线则不画小黑圆点。

6）电气原理图采用电路编号法，即对电路中的各个接点用字母或数字编号。

（2）电气安装接线图。

电气安装接线图是根据电气设备和电器元件的实际位置和安装情况绘制的，只用来表示电气设备和电器元件的位置、配线方式和接线方式，而不明显表示电气动作原理。主要用于安装接线、电路的检查维修和故障处理。

绘制、识读电气安装接线图应遵循以下原则：

1）接线图中一般示出如下内容：电气设备和电器元件的相对位置、文字符号、端子号、导线号、导线类型、导线截面积、屏蔽和导线绞合等。

2）所有电气设备和电器元件都按其所在的实际位置绘制在图样上，且同一电器的各元件根据其实际结构，使用与电气原理图相同的图形符号画在一起，并用点画线框上，其文字符号以及接线端子的编号应与电路图中的标注一致，以便对照检查接线。

3）接线图中的导线有单根导线、导线组（或线扎）、电缆等之分，可用连续线和中断线来表示。凡导线走向相同的可以合并，用线束来表示，到达接线端子板或电器元件的连接点时再分别画出。

（3）电器元件布置图。

布置图是根据电器元件在控制板上的实际安装位置，采用简化的外形符号（如正方形、矩形、圆形等）绘制的一种简图。它不表达各电器的具体结构、作用、接线情况以及工作原理，主要用于电器元件的布置和安装。图中各电器的文字符号必须与电气原理图和电气安装接线图的标注一致。

绘制、识读电器元件布置图应遵循以下原则：

1）在电器元件布置图中，机床的轮廓线用细实线或点划线表示，电器元件均用粗实线绘制出简单的外形轮廓。

2）在电器元件布置图中，电动机要和被拖动的机械装置画在一起；行程开关应画在获取信息的地方；操作手柄应画在便于操作的地方。

3）在电器元件布置图中，各电器元件之间，上、下、左、右应保持一定的间距，并且应考虑器件的发热和散热因素，确保便于布线、接线和检修。

在实际工作中，电气原理图、电器安装接线图和电器元件布置图要结合起来使用。电气控制系统及电气元件的名称及符号的国家标准见表 1-3-3。

表 1-3-3　电气控制系统及电气元件的名称及符号的国家标准

项目			旧国标	新国标
类型	名称	符号		
交流电	A（U）相	L1	黄	黄
	B（V）相	L2	绿	绿
	C（W）相	L3	红	红
	零线（中线）	N	黑	浅蓝
直流电	正极	＋	红	棕
	负极	－	蓝	蓝
保护地线		PE	黑	绿/黄双色线

3. 电动机基本控制电路的安装步骤

电动机基本控制电路的安装一般应按以下步骤进行：

（1）识读电气原理图，明确电路所用电器元件及其作用，熟悉电路的工作原理。

（2）根据电气原理图或元件明细表配齐电器元件，并进行检验。

（3）根据电器元件选配安装工具和控制面板。

（4）根据电气原理图绘制电器元件布置图和安装接线图，然后按要求在控制板上固定电器元件（电动机除外），并贴上醒目的文字符号。

（5）根据电动机容量选配主电路导线的截面。控制电路导线一般采用截面积为 $1mm^2$ 的铜芯线（BVR）；按钮线一般采用截面积为 $0.75mm^2$ 的铜芯线（BVR）；接地线一般采用截面积不小于 $1.5mm^2$ 的铜芯线（BVR）。

（6）根据电器安装接线图布线，同时将剥去绝缘层的两端线头套上标有与电气原理图编号一致的编码套管。

（7）安装电动机。

（8）连接电动机和所有电器元件金属外壳的保护接地线。

（9）连接电源、电动机等控制板外部的导线。

（10）自检。

（11）交验。

（12）通电试车。

4. 单向运行的接触器自锁控制电路

当松开启动按钮 SB1 后，接触器 KM 通过自身常开辅助触头使线圈保持得电的现象叫作自锁。

与启动按钮 SB1 并联，起自锁作用的常开辅助触头叫作自锁触头。

即按下启动按钮 SB1，电动机开始运行，松开启动按钮 SB1，电动机保持连续运行。按下停止按钮 SB2，电动机停止运行。

如图 1-3-4 所示，左侧为主电路，直接控制电动机启停。合上电源开关 QS，交流接触器 KM 主触头控制电动机运行。分析控制电路可知：按下启动按钮 SB1，接通 KM 线圈，使主电路的 KM 主触头闭合，同时 KM 辅助常开触头闭合实现电路自锁，电动机启动并连续运行；按下停止按钮 SB2，KM 线圈断电，KM 常开触头重新分断，解除自锁，KM 主触头断开，电动机停止运行。

（1）电路组成。

单向运行的接触器自锁控制电路的组成及各元件功能见表 1-3-4。接触器自锁控制电路电气原理图如图 1-3-4 所示。

表 1-3-4　单向运行的接触器自锁控制电路的组成及各元件功能

序号	电路名称	电路组成	元件功能	备注
1	电源电路	QS	电源开关	水平绘制在电路图的上方
2	主电路	FU1	熔断器，主电路短路保护	垂直于电源线，绘制在电路图的左侧
3		KM 主触头	控制电动机的运转与停止	
4		M	电动机	
5	控制电路	FU2	熔断器，控制电路短路保护	垂直于电源线，绘制在电路图的右侧
6		SB2	停止按钮	
7		SB1	启动按钮	
8		KM 辅助常开触头	接触器自锁触头	
9		KM 线圈	控制 KM 的吸合和释放	

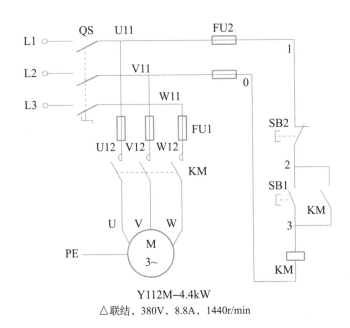

图 1-3-4　接触器自锁控制电路电气原理图

（2）工作原理。

启动：按下SB1→KM线圈得电 → KM主触头闭合 / KM自锁触头闭合 → 电动机M启动连续运转

停止：按下SB2→KM线圈失电 → KM主触头断开 / KM自锁触头分断 → 电动机M失电停止运转

接触器自锁控制电路不但能使电动机连续运转，还有一个重要的特点：具有欠电压和失电压（或零电压）保护作用。

1）欠电压保护。

欠电压是指电路电压低于电动机应加的额定电压。

2）失电压（或零电压）保护。

失电压保护是指电动机在正常运行中，某种外界原因造成突然断电时，能自动切断电动机电源；当重新供电时，保证电动机不能自行启动的一种保护模式。

5. 单向运行的具有过载保护的接触器自锁控制电路

具有过载保护的自锁正转控制电路与接触器自锁正转控制电路的区别是增加了一个热继电器 FR，并把其热元件串接在三相主电路中，把常闭触头串接在控制电路中。

（1）电路组成。

单向运行的具有过载保护的接触器自锁控制电路的组成及各元件功能见表 1-3-5。具有过载保护的接触器自锁控制电路电气原理图如图 1-3-5 所示。

接触器自锁
正转控制电路

表 1-3-5　单向运行的具有过载保护的接触器自锁控制电路的组成及各元件功能

序号	电路名称	电路组成	元件功能	备注
1	电源电路	QS	电源开关	水平绘制在电路图的上方
2	主电路	FU1	熔断器，主电路短路保护	垂直于电源线，绘制在电路图的左侧
3		KM 主触头	控制电动机的运转与停止	
4		FR 热元件	热元件配合常闭触头用于电动机的过载保护	
5		M	电动机	
6	控制电路	FU2	熔断器，控制电路短路保护	垂直于电源线，绘制在电路图的右侧
7		FR 常闭触头	过载保护	
8		SB2	停止按钮	
9		SB1	启动按钮	
10		KM 辅助常开触头	接触器自锁触头	
11		KM 线圈	控制 KM 的吸合和释放	

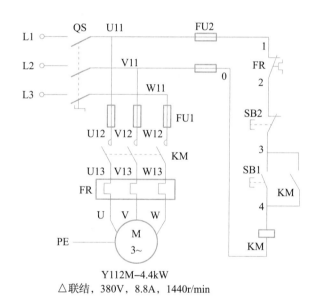

图 1-3-5　具有过载保护的接触器自锁控制电路电气原理图

（2）工作原理。

同单向运行的接触器自锁控制电路。

 任务实施

在实训设备上，按照控制要求完成元器件测试、安装与硬件接线（图 1-3-6），检查电路并进行故障排除。在明确实训任务的基础上，分析三相异步电动机单向运行具有过载保护的接触器自锁控制电路电气原理图（图 1-3-7）。即按下启动按钮 SB1，电动机开始运行；松开按钮，电动机保持连续运行；按下停止按钮 SB2，电动机停止运行。

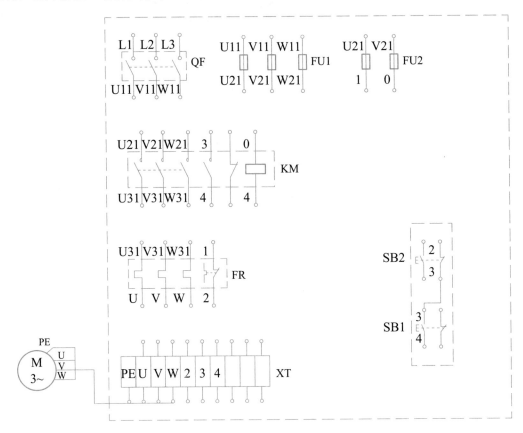

图 1-3-6　安装接线图

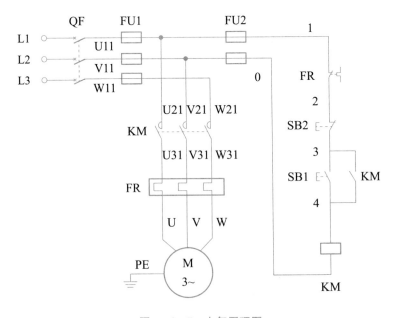

图 1-3-7　电气原理图

1. 安装

（1）布线。

接线时一般从电源端开始按线号顺序接线，先接主电路，后接控制电路。选择适当的导线截面，截取合适长度，剥去两端绝缘外皮。

按照安装接线图进行板前明线布线，工艺要求如下：

1）布线通道尽可能少，同路并行导线按主电路、控制电路分类集中，单层密排，紧贴安装面布线。

2）同一平面的导线应高低一致或前后一致，走线合理，不能交叉或架空。

3）对螺栓式接线端子，导线连接时应打钩圈，并按顺时针旋转；对瓦片式接线端子，导线连接时直线插入接线端子固定即可。导线连接不能压绝缘层，也不能露铜过长。

4）布线应横平竖直，分布均匀，变换走向时应垂直。

5）布线时严禁损伤线芯和导线绝缘层。

6）所有从一个接线端子（或接线桩）到另一个接线端子的导线必须完整，中间无接头。

7）一个元器件接线端子上的连接导线不得多于两根，每节接线端子板上的连接导线一般只允许连接一根。

8）进出线应合理汇集在端子板上。

（2）检查布线。

根据安装接线图检查控制板布线是否正确。

（3）安装电动机。

根据安装接线图安装电动机。

（4）安装接线注意事项。

1）按钮内部接线时，用力不可过猛，以防螺钉打滑。

2）按钮内部的接线不要接错，启动按钮必须接动合（常开）触头。

3）接触器的自锁触头应并接在启动按钮的两端；停止按钮应串接在控制电路中。

4）热继电器的热元件应串接在主电路中，其动断（常闭）触头应串接在控制电路中，两者缺一不可，否则不能起到过载保护的作用。

5）电动机外壳必须可靠接 PE（保护接地）线。

2. 自检和电路测试

安装完毕的控制电路板，必须认真检查后才允许通电试车，以防止错接、漏接造成不能正常运转的情况或引发短路事故。

（1）按电路图或接线图从电源端开始，逐段核对接线及接线端子处线号是否正确，有无漏接、错接之处，检查导线接点是否符合要求，压接是否牢固。确保接触良好。

（2）用万用表检查电路的通断情况。

1）不通电测试。

主电路检查（可断开控制电路）：压下接触器的衔铁来代替接触器得电吸合时的情况进

行检查，依次测量从电源端（L1、L2、L3）到电动机出线端子（U、V、W）上的每一相电路的电阻值，检查是否存在开路现象。

控制电路检查（可断开主电路）：将万用表表笔分别搭在 FU2 的进线端上（U21 和 V21），此时读数应为"∞"。按下启动按钮 SB2 时，读数应为接触器线圈的电阻值；压下接触器 KM 的衔铁，读数也应为接触器线圈的电阻值。

三相笼型异步电动机单向启动控制电路的不通电测试记录填入表 1-3-6。

表 1-3-6　三相笼型异步电动机单向启动控制电路的不通电测试记录

项目	主电路			控制电路（U21-V21）	
操作步骤	合上 QF，压下 KM 衔铁			按下 SB1	压下 KM 衔铁
电阻值	L1-U	L2-V	L3-W		

2）通电测试。

操作相应按钮，观察电器动作情况。

合上断路器 QF，引入三相电源，按下启动按钮 SB1，接触器 KM 的线圈通电，衔铁吸合，接触器的主触头闭合，电动机接通电源直接启动运转。松开 SB1 时，KM 的线圈仍可通过 KM 辅助动合（常开）触头继续通电，从而保持电动机的连续运行。

三相笼型异步电动机单向启动控制电路的通电测试记录填入表 1-3-7。电路运行情况记录填入表 1-3-8。

表 1-3-7　三相笼型异步电动机单向启动控制电路的通电测试记录

操作步骤	合上 QF	按下 SB2	按住 SB1	松开 SB1	再次按下 SB2
电动机动作或接触器吸合情况					

表 1-3-8　电路运行情况记录

步骤	操作内容	观察内容	正确结果	观察结果	备注
1	旋转 FR 整定电流调整装置，将整定电流设定为适当值	整定电流值	10A		实际使用时，整定电流值为电动机额定电流的 0.95～1.05 倍
2	先插上电源插头，再合上断路器	电源插头断路器	已合闸		顺序不能颠倒
3	按下启动按钮 SB1	接触器	吸合		单手操作注意安全
		电动机	运转		
4	松开启动按钮 SB1	接触器	吸合		
		电动机	连续运转		
5	按下调整按钮 SB2	接触器	释放		
		电动机	停转		

续表

步骤	操作内容	观察内容	正确结果	观察结果	备注
6	按下启动按钮 SB1	接触器	吸合		外界断电时，电路停止工作；电源恢复正常后，电路不能自行启动
		电动机	运转		
7	拉下断路器	接触器	释放		
		电动机	停转		
8	合上断路器	接触器	不动作		
		电动机	停转		
9	拉下断路器后，拔下电源插头	断路器 电源插头	已分断		做了吗？

 技能检测

一、填空题

1. 热继电器适用于轻载启动且长期工作或间断工作的电动机，作为电动机的（　　）保护。

2. 依靠接触器自身的（　　）来保持接触器线圈通电的现象叫作（　　）。

3. 为防止电压恢复时电动机自行启动或电器元件自行投入工作而设置的保护叫作（　　）。

4. 具有过载保护的自锁控制电路由（　　）做短路保护，由（　　）做失电压保护，由（　　）做过载保护。

二、选择题

1. 热继电器是利用电流（　　）来推动动作机构使触头系统闭合或分断的保护电器。

A. 热效应　　　　　B. 磁效应　　　　　C. 机械效应　　　　　D. 化学效应

2. 具有过载保护的接触器自锁控制电路中，实现过载保护的电器是（　　）。

A. 熔断器　　　　　B. 热继电器　　　　　C. 接触器　　　　　D. 电源开关

3. 具有过载保护的接触器自锁控制电路中，实现欠电压和失电压保护的电器是（　　）。

A. 熔断器　　　　　B. 热继电器　　　　　C. 交流接触器　　　　　D. 电源开关

三、判断题

（　　）1. 接触器自锁控制电路具有失电压和欠电压保护功能。

（　　）2. 由于热继电器的热惯性大，所以在电动机控制电路中，只适合用作过载保护，不宜用作短路保护。

（　　）3. 接触器可起欠电压和失电压保护作用，两者的保护原理是一样的。

四、简答题

1. 在装有自动控制设备的机床上，电动机由于过载而自动停车后，有人立即按启动按钮，但不能开车。试说明这可能是什么原因？

2. 在电动机控制电路中，能否用热继电器进行短路保护？为什么？

五、分析电路题

1. 什么是自锁控制？判断下图各电路能否实现自锁控制。若不能，说明原因，并加以改正。

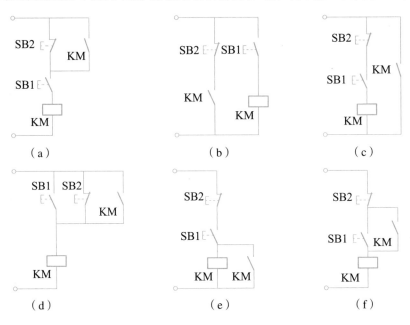

2. 下图所示的控制电路中，哪些部分画错了？试加以改正，并按改正后的电路图说明其工作原理。

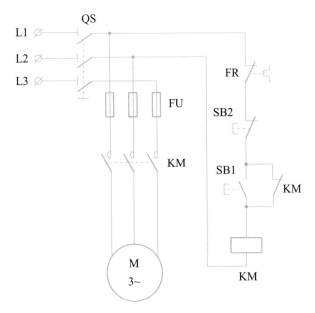

任务评价						
任务名称：				学生姓名：		
考核项目	考核要求	评分标准	配分	评估		
				实测记录	结果分值	

考核项目	考核要求	评分标准	配分	实测记录	结果分值
1. 安装前检查	正确检测元件，确保良好	电器元件错检或漏检扣 5 分	5		
2. 元件安装	1. 按照接线图布置元件 2. 正确固定元件	元件布置不整齐、不匀称、不合理，安装不紧固，漏装螺钉，损坏元件，扣 5 分	5		
3. 布线	1. 按图施工 2. 合理布线 3. 规范走线，做到横平竖直、无交叉 4. 规范接线，确保无线头松动、反圈、压皮、露铜过长及绝缘层损伤的情况 5. 正确编号	1. 不按电路图接线扣 20 分 2. 布线不合理、不美观，每根扣 3 分 3. 走线不横平竖直，每根扣 3 分 4. 接点松动、露铜过长、压绝缘层、反圈等，每处扣 3 分 5. 损伤导线绝缘层或线芯扣 5 分 6. 漏套或错套编码套管扣 2 分	50		
4. 通电试车	按照要求和步骤正确调试电路	1. 第一次试车不成功扣 10 分 2. 第二次试车不成功扣 20 分 3. 第三次试车不成功扣 30 分	30		
5. 工具使用	正确使用工具	损坏或错误使用扣 5 分	5		
6. 安全生产	注意安全，遵守操作规程	漏接接地线扣 5 分	5		
7. 时间	按规定时间操作	每超时 10 分钟扣 5 分，超出 30 分钟总评按不及格计			

总计：

说明：

安全文明操作；工具、仪器、仪表摆放有序；工作结束后能按要求整理及打扫环境卫生；若出现安全事故，总评按不及格计。

任务总结与反思				
班级：	姓名：	学号：	分组号：	用时：

任务名称：

评价项目	评价内容	评价效果			
		非常满意	满意	基本满意	不满意
方法能力	我能够合理安排自己的日常学习生活（按时起床，着装得体，准时到达教学活动场所）				
	我能够对所学知识标记重点并说出关键词				
	我能够在有计划的前提下开始实操训练，并主动记录项目实施的心得体会				
社会能力	我能够与同学友好交往				
	我能够主动参与小组工作任务并真诚表达自己的观点				
	我能够真实地反馈自己的工作结果，并能主动向他人寻求必要的帮助				
专业能力	我能够看懂电气原理图、安装接线图并掌握相关知识				
	我能够正确使用电工工具和仪器、仪表				
	我清楚各操作环节的安全注意事项				

三相异步电动机单向运行连续与点动混合控制电路的安装与调试

知识目标

● 将所学知识点有机结合。

● 掌握用手动开关实现三相异步电动机单向运行连续与点动混合电路的控制。

● 掌握用复合按钮实现三相异步电动机单向运行连续与点动混合电路的控制。

技能目标

● 绘制三相异步电动机单向运行连续与点动混合控制电路安装接线图。

● 根据电气原理图和安装接线图完成三相异步电动机单向运行连续与点动混合控制电路的安装与调试。

实训任务

在实训设备上，根据电气原理图和安装接线图完成三相异步电动机单向运行连续与点动混合控制电路的安装及调试。

具体流程如下：

（1）按照电气原理图绘制安装接线图。

（2）向小组成员及授课教师展示结果并确定正确与否。

（3）根据绘制好的安装接线图进行装接。

（4）自检、交验、通电试车并进行自我评估。

任务准备

（1）按照要求穿着工装进入实训室。

（2）领取实训所需的电工工具、仪器、仪表。

（3）识读三相异步电动机单向运行连续与点动混合控制电路电气原理图。

（4）配齐所需元器件并进行安装前检查。

（5）按照安装接线图要求，进行元器件安装、接线及电气控制电路的调试。

知识学习

方法 1：如图 1－4－1 所示的连续与点动混合单向控制电路是在接触器自锁正转控制电路的基础上，把手动开关 SA 串接在自锁电路中。当把 SA 闭合或打开时，就可实现电动机的连续或点动控制。

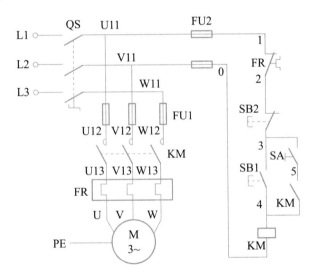

图 1－4－1　连续与点动混合单向控制电路（1）

方法 2：如图 1－4－2 所示的连续与点动混合单向控制电路是在自锁正转控制电路的基础上，增加了一个复合按钮 SB3 来实现连续与点动混合正转控制的。SB3 的常闭触头应与 KM 自锁触头串接。SB1 为长动按钮，SB3 为点动按钮。

工作原理如下：

1. 连续控制

（1）启动。

按下SB1 ──→ KM线圈得电 ──┬──→ KM主触头闭合 ──→ 电动机M启动连续运转

└──→ KM常开辅助触头闭合

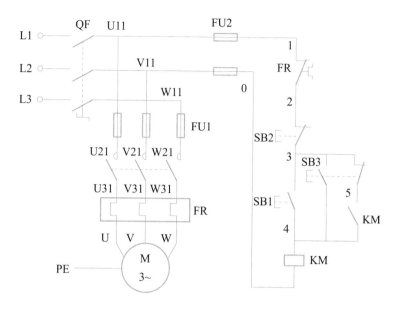

图 1 - 4 - 2　连续与点动混合单向控制电路 (2)

（2）停止。

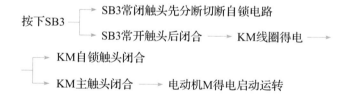

2. 点动控制

（1）启动。

（2）停止。

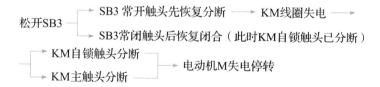

任务实施

在实训设备上，按照控制要求完成元器件测试、安装与硬件接线（图 1 - 4 - 3），检查电路并进行故障排除。在明确实训任务的基础上，分析三相异步电动机单向运行连续与点动混合控制电路电气原理图（图1-4-4）。

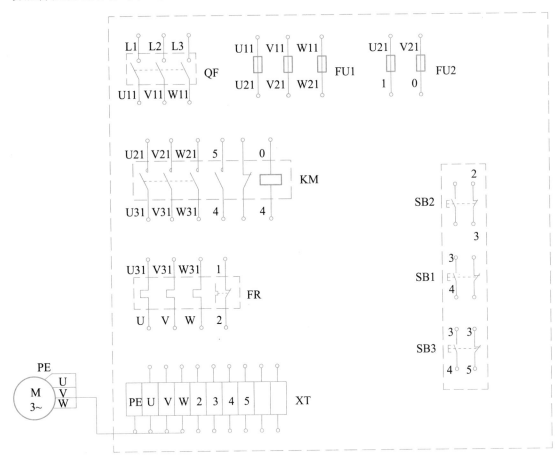

图1-4-3　安装接线图

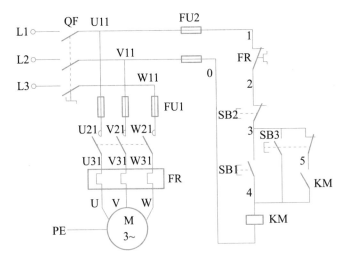

图1-4-4　电气原理图

1. 安装

（1）布线。

一般从电源端开始按线号顺序接线，先接主电路，后接控制电路。选择适当的导线截面，截取合适长度，剥去两端绝缘外皮。

按照安装接线图进行板前明线布线，工艺要求如下：

1）布线通道尽可能少，同路并行导线按主电路、控制电路分类集中，单层密排，紧贴安装面布线。

2）同一平面的导线应高低一致或前后一致，走线合理，不能交叉或架空。

3）对螺栓式接线端子，导线连接时应打钩圈，并按顺时针旋转；对瓦片式接线端子，导线连接时直线插入接线端子固定即可。导线连接不能压绝缘层，也不能露铜过长。

4）布线应横平竖直，分布均匀，变换走向时应垂直。

5）布线时严禁损伤线芯和导线绝缘层。

6）所有从一个接线端子（或接线桩）到另一个接线端子的导线必须完整，中间无接头。

7）一个元器件接线端子上的连接导线不得多于两根，每节接线端子板上的连接导线一般只允许连接一根。

8）进出线应合理汇集在端子板上。

（2）检查布线。

根据安装接线图检查控制板布线是否正确。

（3）安装电动机。

根据安装接线图安装电动机。

（4）安装接线注意事项。

1）按钮内部接线时，用力不可过猛，以防螺钉打滑。

2）按钮内部的接线不要接错，启动按钮必须接动合（常开）触头。

3）接触器的自锁触头与 SB3 常闭触头串接后，应并接在启动按钮的两端；停止按钮应串接在控制电路中。

4）热继电器的热元件应串接在主电路中，其动断（常闭）触头应串接在控制电路中，两者缺一不可，否则不能起到过载保护的作用。

5）电动机外壳必须可靠接 PE（保护接地）线。

2. 自检和电路测试

安装完毕的控制电路板，必须认真检查后才允许通电试车，以防止错接、漏接造成不能正常运转的情况或引发短路事故。

（1）按电路图或接线图从电源端开始，逐段核对接线及接线端子处线号是否正确，有无漏接、错接之处，检查导线接点是否符合要求，压接是否牢固。确保接触良好。

（2）用万用表检查电路的通断情况。

1）不通电测试。

主电路检查（可断开控制电路）：压下接触器的衔铁来代替接触器得电吸合时的情况进行检查，依次测量从电源端（L1、L2、L3）到电动机出线端子（U、V、W）上的每一相电路的电阻值，检查是否存在开路现象。

控制电路检查（可断开主电路）：将万用表表笔分别搭在 FU2 的进线端上（U21 和 V21），此时读数应为"∞"。按下启动按钮 SB1 或 SB3 时，读数应为接触器线圈的电阻值；压下接触器 KM 的衔铁，读数也应为接触器线圈的电阻值。

2）通电测试。

操作相应按钮，观察电器动作情况。

合上断路器 QF，引入三相电源，按下启动按钮 SB1，接触器 KM 的线圈通电，衔铁吸合，接触器的主触头闭合，电动机接通电源直接启动运转。松开 SB1 时，KM 的线圈仍可通过 KM 辅助动合（常开）触头继续通电，从而保持电动机的连续运行。按下启动按钮 SB3，电动机点动运行。

 技能检测

设计题

为某生产机械设计电动机和电气控制电路。要求如下：

（1）既能点动控制又能连续控制。

（2）有短路、过载、失电压和欠电压保护功能。

	任务评价				

任务名称：				学生姓名：	

考核项目	考核要求	评分标准	配分	评估	
				实测记录	结果分值
1. 安装前检查	正确检测元件，确保良好	电器元件错检或漏检扣5分	5		
2. 元件安装	1. 按照接线图布置元件 2. 正确固定元件	元件布置不整齐、不匀称、不合理，安装不紧固，漏装螺钉，损坏元件，扣5分	5		
3. 布线	1. 按图施工 2. 合理布线 3. 规范走线，做到横平竖直、无交叉 4. 规范接线，确保无线头松动、反圈、压皮、露铜过长及绝缘层损伤的情况 5. 正确编号	1. 不按电路图接线扣20分 2. 布线不合理、不美观，每根扣3分 3. 走线不横平竖直，每根扣3分 4. 接点松动、露铜过长、压绝缘层、反圈等，每处扣3分 5. 损伤导线绝缘层或线芯扣5分 6. 漏套或错套编码套管扣2分	50		
4. 通电试车	按照要求和步骤正确调试电路	1. 第一次试车不成功扣10分 2. 第二次试车不成功扣20分 3. 第三次试车不成功扣30分	30		
5. 工具使用	正确使用工具	损坏或错误使用扣5分	5		
6. 安全生产	注意安全，遵守操作规程	漏接接地线扣5分	5		
7. 时间	按规定时间操作	每超时10分钟扣5分，超出30分钟总评按不及格计			

总计：

说明：

安全文明操作；工具、仪器、仪表摆放有序；工作结束后能按要求整理及打扫环境卫生；若出现安全事故，总评按不及格计。

任务总结与反思				
班级：	姓名：	学号：	分组号：	用时：

任务名称：

评价项目	评价内容	评价效果			
		非常满意	满意	基本满意	不满意
方法能力	我能够合理安排自己的日常学习生活（按时起床，着装得体，准时到达教学活动场所）				
	我能够对所学知识标记重点并说出关键词				
	我能够在有计划的前提下开始实操训练，并主动记录项目实施的心得体会				
社会能力	我能够与同学友好交往				
	我能够主动参与小组工作任务并真诚表达自己的观点				
	我能够真实地反馈自己的工作结果，并能主动向他人寻求必要的帮助				
专业能力	我能够看懂电气原理图、安装接线图并掌握相关知识				
	我能够正确使用电工工具和仪器、仪表				
	我清楚各操作环节的安全注意事项				

三相异步电动机顺序控制电路的安装与调试

知识目标

● 将所学知识点有机结合。

● 掌握三相异步电动机顺序控制电路的构成和工作原理。

技能目标

● 绘制三相异步电动机顺序控制电路的安装接线图。

● 根据电气原理图和安装接线图完成三相异步电动机顺序控制电路的安装及电气控制电路的调试。

实训任务

在实训设备上,根据电气原理图和安装接线图完成三相异步电动机顺序控制电路的安装及调试。

具体流程如下:

(1)按照电气原理图绘制安装接线图。

(2)向小组成员及授课教师展示结果并确定正确与否。

(3)根据绘制好的安装接线图进行装接。

(4)自检、交验、通电试车并进行自我评估。

任务准备

(1)按照要求穿着工装进入实训室。

（2）领取实训所需的电工工具、仪器、仪表。

（3）识读三相异步电动机顺序控制电路电气原理图。

（4）配齐所需元器件并进行安装前检查。

（5）按照安装接线图要求，进行元器件安装、接线及电气控制电路的调试。

 知识学习

在装有多台电动机的生产机械上，各电动机所起的作用是不同的，有时需按一定的顺序启动或停止，才能保证操作过程的合理和工作的安全可靠。例如：X62W 型万能铣床要求主轴电动机启动后，进给电动机才能启动；M7120 型平面磨床的冷却泵电动机，要求当砂轮电动机启动后才能启动。这种要求几台电动机的启动或停止必须按一定的顺序来进行的控制方式叫作电动机的顺序控制。

1. 主电路实现顺序控制

电路的特点是电动机 M2 的主电路接在 KM（或 KM1）主触头的下面。

方法 1：电动机 M2 通过接插器 X 接在接触器 KM 主触头的下面，因此，只有当 KM 的主触头闭合，电动机 M1 启动运转后，电动机 M2 才可能接通电源运转。主电路实现顺序控制的电路图如图 1-5-1 所示，M7120 型平面磨床的砂轮电动机和冷却泵电动机即采用这种顺序控制电路。

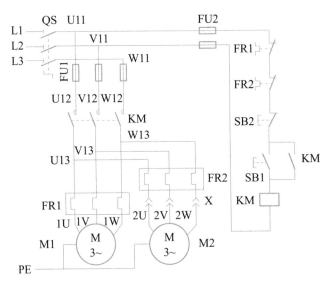

图 1-5-1　主电路实现顺序控制的电路图（1）

方法 2：电动机 M1 和 M2 分别通过接触器 KM1 和 KM2 来控制。接触器 KM2 的主触头接在接触器 KM1 主触头的下面，这样就保证了当 KM1 主触头闭合、电动机 M1 启动运转后，M2 才可能接通电源运转。主电路实现顺序控制的电路图如图 1-5-2 所示。

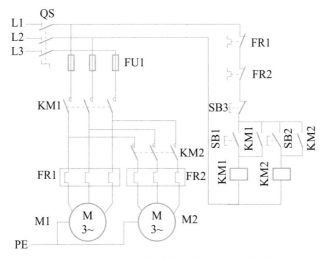

图1-5-2 主电路实现顺序控制的电路图（2）

线路的工作原理如下：

结论：只有当 KM1 闭合，电动机 M1 启动运转后，KM2 才能使 M2 得电启动，满足电动机 M1、M2 顺序启动的要求。

2. 控制电路实现顺序控制

控制电路实现顺序控制的电路图如图 1-5-3 所示。

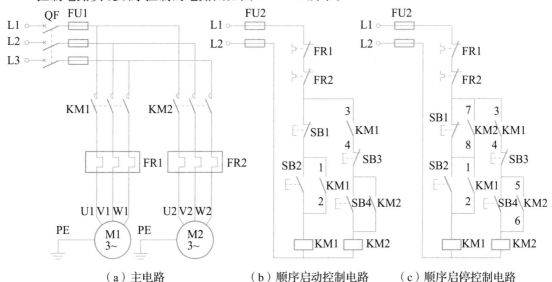

（a）主电路 （b）顺序启动控制电路 （c）顺序启停控制电路

图1-5-3 控制电路实现顺序控制的电路图

方法 1： 如图 1-5-3（b）所示的控制电路，在电动机 M2 的控制电路中串接了接触器 KM1 常开辅助触头。显然，只要 M1 不启动，即使按下 SB4，由于 KM1 的常开辅助触头未闭合，KM2 线圈也不能得电，从而保证了 M1 启动后，M2 才能启动的控制要求。电路中停止按钮 SB1 控制两台电动机同时停止，SB3 控制 M2 单独停止。

方法 2： 如图 1-5-3（c）所示的控制电路是在图 1-5-3（b）所示电路中的 SB1 的两端并接了接触器 KM2 的常开辅助触头，从而实现 M1 启动后 M2 才能启动；而 M2 停止后，M1 才能停止的控制要求，M1、M2 为顺序启动，逆序停止。

任务实施

在实训设备上，按照控制要求完成元器件测试、安装与硬件接线（图 1-5-4），检查电路并进行故障排除。在明确实训任务的基础上，分析三相异步电动机顺序控制电路的电气原理图（图 1-5-5）。即 M1 电动机启动后才允许 M2 电动机启动，按下停止按钮，两台电动机都停止运行。

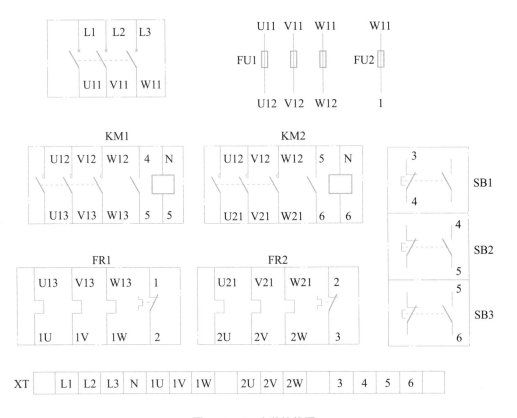

图 1-5-4 安装接线图

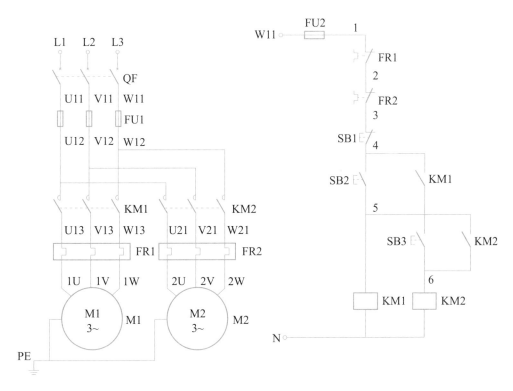

图 1-5-5　电气原理图

1. 安装

（1）布线。

一般从电源端开始按线号顺序接线，先接主电路，后接控制电路。选择适当的导线截面，截取合适长度，剥去两端绝缘外皮。

按照安装接线图进行板前明线布线，工艺要求如下：

1）布线通道尽可能少，同路并行导线按主电路、控制电路分类集中，单层密排，紧贴安装面布线。

2）同一平面的导线应高低一致或前后一致，走线合理，不能交叉或架空。

3）对螺栓式接线端子，导线连接时应打钩圈，并按顺时针旋转；对瓦片式接线端子，导线连接时直线插入接线端子固定即可。导线连接不能压绝缘层，也不能露铜过长。

4）布线应横平竖直，分布均匀，变换走向时应垂直。

5）布线时严禁损伤线芯和导线绝缘层。

6）所有从一个接线端子（或接线桩）到另一个接线端子的导线必须完整，中间无接头。

7）一个元器件接线端子上的连接导线不得多于两根，每节接线端子板上的连接导线一般只允许连接一根。

8）进出线应合理汇集在端子板上。

（2）检查布线。

根据安装接线图检查控制板布线是否正确。

（3）安装电动机。

根据安装接线图安装电动机。

（4）安装接线注意事项。

1）按钮内部接线时，用力不可过猛，以防螺钉打滑。

2）按钮内部的接线不要接错，启动按钮必须接动合（常开）触头。

3）电动机外壳必须可靠接 PE（保护接地）线。

2. 自检和电路测试

安装完毕的控制电路板，必须认真检查后才允许通电试车，以防止错接、漏接造成不能正常运转的情况或引发短路事故。

（1）按电路图或接线图从电源端开始，逐段核对接线及接线端子处线号是否正确，有无漏接、错接之处，检查导线接点是否符合要求，压接是否牢固。确保接触良好。

（2）用万用表检查电路的通断情况。

1）不通电测试。

主电路检查（可断开控制电路）：可以用手压下接触器 KM1 和 KM2 的衔铁来代替接触器得电吸合时的情况进行检查，依次测量从电源端（L1、L2、L3）到电动机出线端子（1U、1V、1W、2U、2V、2W）上的每一相电路的电阻值，检查是否存在开路现象。

控制电路检查（可断开主电路）：将万用表表笔分别搭在 FU2 的进线端上（W11 和 N），此时读数应为"∞"。按下启动按钮 SB2，读数应为接触器 KM1 线圈的电阻值；用手压下接触器 KM1 的衔铁，读数也应为接触器线圈的电阻值。同时用手按下 SB2、SB3 或同时压下接触器 KM1、KM2 的衔铁，读数应为 KM1、KM2 接触器线圈电阻值的并连接果。

两台三相异步电动机顺序控制的主电路不通电测试记录填入表 1-5-1，两台三相异步电动机顺序控制的控制电路不通电测试记录填入表 1-5-2。

表 1-5-1　两台三相异步电动机顺序控制的主电路不通电测试记录

项目	主电路					
操作步骤	L1－1U	L2－1V	L3－1W	L1－2U	L2－2V	L3－2W
电阻值						

表 1-5-2　两台三相异步电动机顺序控制的控制电路不通电测试记录

项目	控制电路两端（W11－N）			
操作步骤	按下 SB2	按下 SB3	同时按下 SB2、SB3	同时压下 KM1、KM2 的衔铁
电阻值				

2）通电测试。

操作相应按钮，观察电器动作情况。

合上断路器 QF，引入三相电源，按下启动按钮 SB2，接触器 KM1 的线圈得电吸合自锁，电动机 M1 启动运转。接着按下按钮 SB3，接触器 KM2 的线圈得电吸合自锁，电动机 M2 启动运转。按下停止按钮 SB1，两台电动机都停止。若启动时先按下按钮 SB3，接触器 KM1、KM2 线圈都不能得电，两台电动机都不工作。

两台三相异步电动机顺序控制的电路通电测试记录填入表 1－5－3。

表 1－5－3　两台三相异步电动机顺序控制的电路通电测试记录

操作步骤	合上 QF	按下 SB1	按下 SB3	按下 SB2	再次按下 SB3	再次按下 SB1
电动机动作或接触器吸合情况						

 技能检测

设计题

1. 要求 3 台笼型电动机 M1、M2 和 M3 按一定顺序启动，即 M1 启动后，M2 才能启动；M2 启动后，M3 才能启动。画出其控制电路。

2. 按下列要求设计一个用按钮和接触器控制电动机 M1 和 M2 的控制电路。

（1）能同时控制两台电动机一起启动和停止。

（2）能分别控制电动机 M1 和 M2 的启动和停止。

（3）当一台电动机发生过载时，两台电动机同时停止。

任务评价					
任务名称：			学生姓名：		
考核项目	考核要求	评分标准	配分	评估	
				实测记录	结果分值
1. 安装前检查	正确检测元件，确保良好	电器元件错检或漏检扣5分	5		
2. 元件安装	1. 按照接线图布置元件 2. 正确固定元件	元件布置不整齐、不匀称、不合理，安装不紧固，漏装螺钉，损坏元件，扣5分	5		
3. 布线	1. 按图施工 2. 合理布线 3. 规范走线，做到横平竖直、无交叉 4. 规范接线，确保无线头松动、反圈、压皮、露铜过长及绝缘层损伤的情况 5. 正确编号	1. 不按电路图接线扣20分 2. 布线不合理、不美观，每根扣3分 3. 走线不横平竖直，每根扣3分 4. 接点松动、露铜过长、压绝缘层、反圈等，每处扣3分 5. 损伤导线绝缘层或线芯扣5分 6. 漏套或错套编码套管扣2分	50		
4. 通电试车	按照要求和步骤正确调试电路	1. 第一次试车不成功扣10分 2. 第二次试车不成功扣20分 3. 第三次试车不成功扣30分	30		
5. 工具使用	正确使用工具	损坏或错误使用扣5分	5		
6. 安全生产	注意安全，遵守操作规程	漏接接地线扣5分	5		
7. 时间	按规定时间操作	每超时10分钟扣5分，超出30分钟总评按不及格计			
总计：					

说明：

安全文明操作；工具、仪器、仪表摆放有序；工作结束后能按要求整理及打扫环境卫生；若出现安全事故，总评按不及格计。

任务总结与反思				
班级：	姓名：	学号：	分组号：	用时：

任务名称：

评价项目	评价内容	评价效果			
		非常满意	满意	基本满意	不满意
方法能力	我能够合理安排自己的日常学习生活（按时起床，着装得体，准时到达教学活动场所）				
	我能够对所学知识标记重点并说出关键词				
	我能够在有计划的前提下开始实操训练，并主动记录项目实施的心得体会				
社会能力	我能够与同学友好交往				
	我能够主动参与小组工作任务并真诚表达自己的观点				
	我能够真实地反馈自己的工作结果，并能主动向他人寻求必要的帮助				
专业能力	我能够看懂电气原理图、安装接线图并掌握相关知识				
	我能够正确使用电工工具和仪器、仪表				
	我清楚各操作环节的安全注意事项				

单台单向运行电动机两地点动与连续控制电路的设计

知识目标

● 了解单向运行电动机两地点动与连续控制电路的相关知识。

● 掌握单向运行电动机两地点动与连续控制电路的构成和工作原理。

知识学习

1. 多地控制

两地控制电路

多地控制是指在多个地点各设一套控制电动机启动和停止的按钮。这样就可以分别在多地启停同一台电动机，操作方便。

在两地或多地控制同一台电动机的控制方式的特点是启动（常开）按钮并联，停止（常闭）按钮串联。对于三地或多地控制，只要把各地的启动按钮并接、停止按钮串接就可以实现。两地独立启停控制电路如图1-6-1所示，两地同时启动和独立停止控制电路如图1-6-2所示。

2. 单台单向运行电动机的两地点动与连续控制

为方便加工人员在机床正面和侧面均能进行操作，多数机床具有多地控制功能；此外，在调试模具位置、打样产品，以及在机床上微调（如车床、刨床走刀，确认钻床钻头位置等）时需要电动机具有点动功能。

单台单向运行电动机的两地点动与连续控制电路图如图1-6-3所示。SB1和SB2分别是电动机在A、B两地的停止运行控制按钮；SB3和SB4分别是电动机在A、B两地的连续运行控制按钮；SB5和SB6分别是电动机在A、B两地的点动控制按钮。

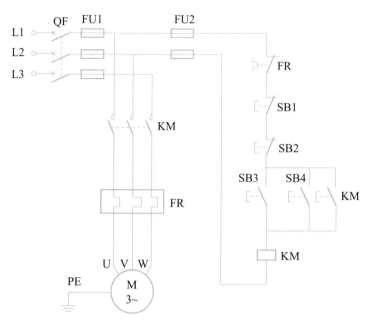

图 1 - 6 - 1　两地独立启停控制电路

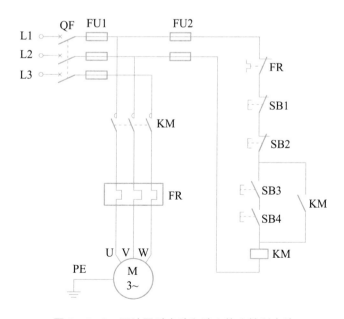

图 1 - 6 - 2　两地同时启动和独立停止控制电路

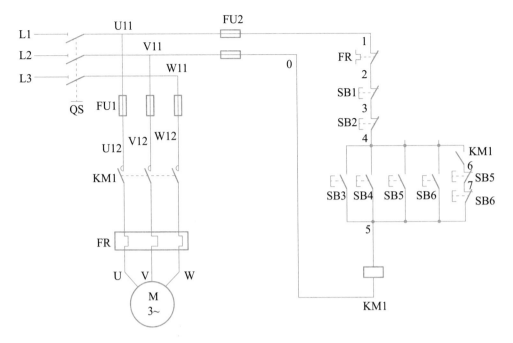

图 1 - 6 - 3　单台单向运行电动机的两地点动与连续控制电路图

 技能检测

如何实现三地或更多地点的多地控制？

三相异步电动机双向运行控制电路及其安装与调试

项目概述

本项目以三相异步电动机双向运行控制电路及其安装与调试为例，介绍双向运行所需的低压电器的结构、工作原理及应用；双向运行基本电气控制电路的安装、调试与检修；电气图的识读和绘制方法；双向运行电气接线规范和要求；双向运行电气控制电路的故障查找方法等。

通过对本项目的学习，同学们将能够正确安装和调试三相异步电动机双向运行控制电路；能够正确使用相关仪器仪表对三相异步电动机双向运行控制电路进行检测；能够正确排除三相异步电动机双向运行控制电路的典型故障；能够正确识读和绘制三相异步电动机双向运行控制电路。

本项目学习过程：认识元器件→识读电路图→识读接线图→检测元件→配线安装→自检→通电测试→故障排除。

职业素养

● 我国电气技术的发展是从艰难曲折走向繁荣的历程，同学们应坚持中国特色社会主义道路，厚植家国情怀，增强专业认同感。

● 分组讨论，分组实验，互相帮助，取长补短，培养与人为善、助人为乐的良好品格。

● 在学习和实践中领会企业的 6S 制度（整理、整顿、清扫、清洁、素养、安全）。

倒顺开关控制三相异步电动机
正反转控制电路的安装与调试

知识目标

- 熟悉组合开关和倒顺开关的结构、工作原理及使用方法。
- 熟悉三相异步电动机双向运行控制原理。
- 掌握倒顺开关控制三相异步电动机正反转控制电路的构成和工作原理。

知识学习

单向控制电路只能使电动机朝一个方向旋转，从而带动生产机械的运动部件朝一个方向运动。但在生产实际中，许多生产机械往往要求运动部件能向正、反两个方向运动。如机床工作台的前进与后退，万能铣床主轴的正转与反转，起重机的上升与下降，这些生产机械要求电动机能实现正反转控制。

由电动机原理可知，当改变通入电动机定子绕组的三相电源的相序，即把接入电动机的三相电源进线的任意两相对调后接线，电动机便可反转。

1. 组合开关

组合开关又叫转换开关，实质为刀开关。它具有体积小、触头对数多、灭弧性能比刀开关好、接线方式灵活、操作方便的特点。常用于交流50Hz、380V以下及直流220V以下的电气控制电路中非频繁接通和分断的电路、换接电源和负载，以及控制5kW以下小容量感应电动机的启动、停止和正反转。组合开关的种类很多，有单极、双极、三极和四极之分，常用的是三极组合开关。

（1）组合开关型号的含义。

组合开关型号的含义如图2-1-1所示。

图 2 - 1 - 1　组合开关型号的含义

（2）组合开关的结构及工作原理。

HK 系列组合开关有 HZ1、HZ2、HZ3、HZ4、HZ5 以及 HZ10 等产品。其中 HZ10 系列是全国统一设计的产品，具有通用性强、可靠性高、结构简单、组合性强、寿命长等优点。

HZ10 - 10/3 的 3 个静触头分别装在 3 层绝缘垫板上，并附有接线柱，用于与电源及用电设备相接。动触头和绝缘垫板一起套在附有手柄的方形绝缘转轴上。手柄和转轴能在平行于安装面的平面内，沿顺时针或逆时针方向每次转动 90°。带动 3 个动触头分别与 3 个静触头接触或分离，实现接通或分断电器的目的。开关的顶盖部分是由滑板、凸轮、扭簧和手柄等构成的操作机构。组合开关的实物图、结构图、原理图及符号如图 2 - 1 - 2 所示。

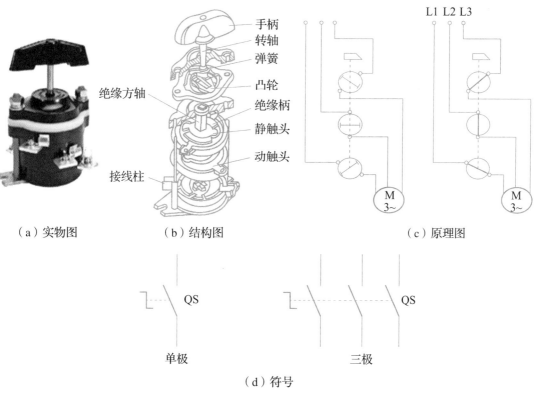

（a）实物图　　　　（b）结构图　　　　　（c）原理图

（d）符号

图 2 - 1 - 2　组合开关

（3）组合开关的选用。

组合开关应根据电源种类、电压等级、所需触头数、接线方式和负载容量进行选用。

1）用于照明或电热电路时，组合开关的额定电流应等于或大于电路中各负载电流的总和。

2）用于直接控制异步电动机的启动和正反转时，开关的额定电流一般取电动机额定电流的 1.5～2.5 倍。

（4）组合开关的安装与使用。

1）HZ10 系列组合开关应安装在控制箱（或壳体）内，其操作手柄最好在控制箱的前面或侧面。开关为断开状态时应使手柄在水平旋转位置。HZ3 系列组合开关外壳上的接地螺钉应可靠接地。

2）若需在箱内操作，开关最好装在箱内右上方，并且在它的上方不安装其他电器，否则应采取隔离或绝缘措施。

3）组合开关的通断能力较低，不能用来分断故障电流。用于控制异步电动机的正反转时，必须在电动机完全停止转动后才能反向启动，且每小时的接通次数不能超过 15 次。

4）当操作频率过高或负载功率因数较低时，应降低开关的容量使用，以延长其使寿命。

5）倒顺开关接线时，应将开关两侧进出线中的一相互换，明确开关接线端的标记，切忌接错而导致电源两相短路故障。

2. 倒顺开关

倒顺开关的外形及结构如图 2-1-3 所示，倒顺开关动作原理图如图 2-1-4 所示。

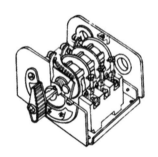

图 2-1-3　倒顺开关的外形及结构

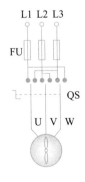

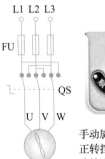

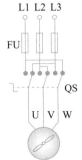

手动旋转倒顺开关至断开挡，线路断开，电动机断电停止。

手动旋转倒顺开关至正转挡，正转控制线路接通，电动机得电正转。

手动旋转倒顺开关至反转挡，反转控制线路接通，电动机得电反转。

图 2-1-4　倒顺开关动作原理图

手柄处于"顺"位置时，手柄带动转轴，使第一组的 3 个动触头分别与 3 个静触头接触，电路接通，三相电源接入电动机的定子绕组，电源相序为 L1 - L2 - L3，电动机正转。

手柄处于"停"位置时，开关的两组动触头都不与静触头接触，电路不通，电动机不转。

手柄处于"倒"位置时，手柄带动转轴，使第二组的 3 个动触头分别与 3 个静触头接触，这时，接入电动机三相定子绕组的电源相序改变为 L3 - L2 - L1，电动机反转。

注意：倒顺开关的手柄只能从"停"位置左转 45°或右转 45°。当电动机处于正转状态时，要使它反转，应先把手柄扳到"停"位置，使电动机停转，然后再把手柄扳到"倒"位置，使其反转。若直接把手柄由"顺"扳到"倒"位置，电动机的定子绕组会因为电源突然反接而产生很大的反接电流，容易使电动机定子绕组因过热而损坏。

3. 倒顺开关控制的正反转控制电路

同学们进出学校大门时，门卫会用手里的遥控器或桌上的按钮来控制开门或关门，这种自动伸缩门的开与关实际上就是通过电动机的正反转来控制的。其他应用还有机床工作台的前进与后退、主轴的正转与反转、起重机的上升与下降等。倒顺开关正反转控制电路图如图 2 - 1 - 5 所示。

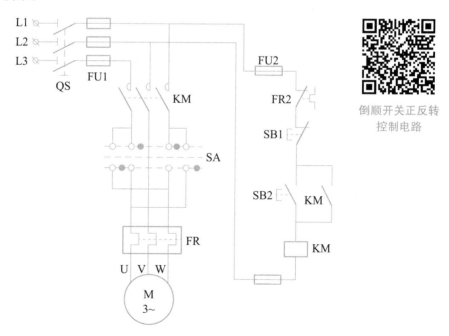

倒顺开关正反转
控制电路

图 2 - 1 - 5　倒顺开关正反转控制电路图

工作原理：合上 QS，操作组合开关 SA，当手柄处于"停"位置时，SA 的动、静触头不接触，电路不通，电动机不转；当手柄扳至"顺"位置时，SA 的动触头和左边的静触头接触，按下 SB2，KM 线圈得电，KM 的 3 个主触头闭合，KM 的自锁触头也闭合，电路按 L1 - U、L2 - V、L3 - W 接通，输入电动机定子绕组的电源电压为 L1 - L2 - L3，电动机正转；当手柄扳至"倒"位置时，SA 的动触头和右边的静触头接触，电路按 L1 - W、L2 - V、L3 - U 接通，输入电动机定子绕组的电源相序变为 L3 - L2 - L1，电动机反转。

 技能检测

一、选择题

1. 要使三相异步电动机的旋转磁场方向改变，只需要改变（   ）。

A. 电源电压   B. 电源相序   C. 电源电流   D. 负载大小

2. 改变三相异步电动机的电源相序是为了使电动机（   ）。

A. 改变旋转方向   B. 改变转速   C. 改变功率   D. 降压启动

二、判断题

（   ）1. 要使三相异步电动机反转，正转和反转接触器的主触头必须按相同的相序并接后串接在主电路中。

（   ）2. 要使三相异步电动机反转，只需改变定子绕组任意两相绕组的相序。

三、填空题

1. 要使三相异步电动机反转，就必须改变通入电动机定子绕组的（   ），即只需将电动机的三相电源进线的（   ）对调接线即可。

2. 用倒顺开关控制电动机正反转时，不允许把手柄从"顺"位置直接扳到"倒"位置，应在（   ）位置停顿一下。

四、简答题

用倒顺开关控制电动机正反转时，为什么不允许把手柄从"顺"位置直接扳到"倒"位置？

三相异步电动机接触器联锁
正反转控制电路的安装与调试

知识目标

● 了解三相异步电动机接触器联锁正反转控制电路的作用。

● 掌握三相异步电动机接触器联锁正反转控制电路的构成和工作原理。

技能目标

● 能够绘制三相异步电动机接触器联锁正反转控制电路的电气安装接线图。

● 能够根据电气原理图和安装接线图完成三相异步电动机接触器联锁正反转控制电路的安装及电气控制电路的调试。

实训任务

在实训设备上，根据电气原理图和安装接线图完成三相异步电动机接触器联锁正反转控制电路的安装及调试。

具体流程如下：

（1）按照电气原理图绘制安装接线图。

（2）向小组成员及授课教师展示结果并确定正确与否。

（3）根据绘制好的安装接线图进行装接。

（4）自检、交验、通电试车并进行自我评估。

任务准备

（1）按照要求穿着工装进入实训室。

（2）领取实训所需的电工工具、仪器、仪表。

（3）识读三相异步电动机接触器联锁正反转控制电路电气原理图。

（4）配齐所需元器件并进行安装前检查。

（5）按照安装接线图要求，进行元器件安装、接线及电气控制电路的调试。

 知识学习

倒顺开关正反转控制电路虽然所用电器较少，电路较简单，但它是一种手动控制电路，在频繁换向时，工作人员劳动强度大，操作不安全，所以这种电路一般用于控制额定电流 10A、功率 3kW 及以下的小容量电动机。在生产实践中常用的是接触器联锁的正反转控制电路。

接触器联锁的正反转控制电路采用了两个接触器，即正转用的接触器 KM1 和反转用的接触器 KM2，它们分别由正转按钮 SB2 和反转按钮 SB3 控制。从主电路图中可以看出，这两个接触器的主触头所接通的电源相序不同，KM1 按 L1-L2-L3 相序连接，KM2 则按 L3-L2-L1 相序连接。相应地，控制电路有两条：一条是由按钮 SB2 和 KM1 线圈等组成的正转控制电路；另一条是由按钮 SB3 和 KM2 线圈等组成的反转控制电路。

1．电路组成

接触器联锁正反转控制电路图如图 2-2-1 所示。接触器联锁正反转控制电路的组成及各元件的功能见表 2-2-1。

接触器联锁
正反转控制电路

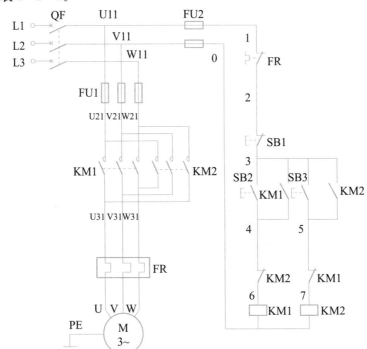

图 2-2-1　接触器联锁正反转控制电路图

表 2 - 2 - 1 接触器联锁正反转控制电路的组成及各元件的功能

序号	电路名称	电路组成	元件功能	备注
1	电源电路	QF	电源开关	
2	主电路	FU1	熔断器,主电路的短路保护	KM1 和 KM2 必须联锁,避免同时闭合而造成 L1 和 L3 两相电源短路事故
3		KM1 主触头	控制电动机正转	
4		KM2 主触头	控制电动机反转	
5		FR 热元件	与常闭触头配合,用于过载保护	
6		M	电动机	
7	控制电路	FU2	熔断器,控制电路的短路保护	正反转控制电路的公共电路
8		FR 常闭触头	过载保护	
9		SB1	停止按钮	
10		SB2	正转启动按钮	正转控制电路,KM2 的常闭触头串联在 KM1 线圈电路中
11		KM1 辅助常开触头	KM1 自锁触头	
12		KM2 辅助常闭触头	联锁保护	
13		KM1 线圈	控制 KM1 的吸合与释放	
14		SB3	反转启动按钮	反转控制电路,KM1 的常闭触头串联在 KM2 线圈电路中
15		KM2 辅助常开触头	KM2 自锁触头	
16		KM1 辅助常闭触头	联锁触头	
17		KM2 线圈	控制 KM2 的吸合与释放	

必须指出:接触器 KM1 和 KM2 主触头绝不允许同时闭合,否则将造成两相电源(L1 相和 L3 相)短路事故。为了避免两个接触器 KM1 和 KM2 同时得电动作,在正反转控制电路中分别串接了对方接触器的一对常闭辅助触头,这样,当一个接触器得电动作时,通过其常闭辅助触头使另一个接触器不能得电动作,接触器间这种相互制约的现象叫接触器联锁(或互锁)。

联锁触头(或互锁触头):实现联锁作用的常闭辅助触头。

联锁符号:"▽"。

接触器联锁正反转控制电路的优点:利用"联锁"关系,保证正反转的接触器的主触头不可同时接通,避免了电源短路事故。

接触器联锁正反转控制电路的缺点:操作不方便,改变电动机的转向必须先按停止按钮,再按反向启动按钮,所以在频繁改变转向的场合不宜采用。

2. 工作原理

(1)正转控制。

（2）反转控制。

按下SB1 → KM1线圈失电
- → KM1自锁触头分断解除自锁 → 电动机M失电停转
- → KM1主触头断开
- → KM1联锁触头恢复闭合，解除对KM2控制线路的联锁

按下SB3 → KM2线圈得电
- → KM2自锁触头闭合自锁 → 电动机M启功连续运转
- → KM2主触头闭合
- → KM2联锁触头断开，对KM1控制线路联锁

 任务实施

在实训设备上，按照控制要求完成元器件测试、安装与硬件接线（图2-2-2），检查电路并进行故障排除。在明确实训任务的基础上，分析三相异步电动机接触器联锁正反转控制电路电气原理图（图2-2-3）。即按下正向启动按钮，电动机正转；按下停止按钮，电动机停转；按下反向启动按钮，电动机反转。

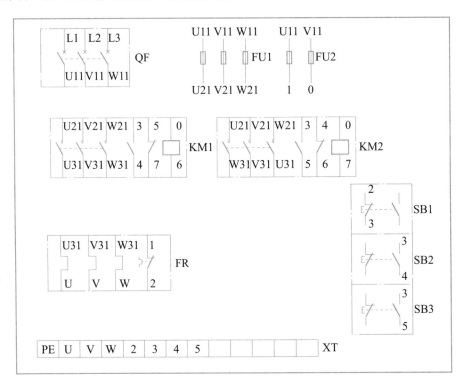

图2-2-2　安装接线图

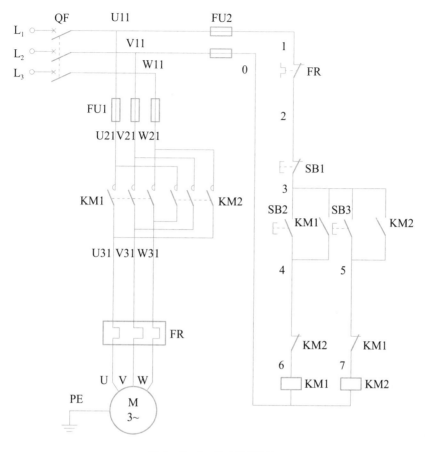

图 2-2-3　电气原理图

1. 安装

（1）布线。

一般从电源端开始按线号顺序接线，先接主电路，后接控制电路。选择适当的导线截面，截取合适长度，剥去两端绝缘外皮。

按照安装接线图进行板前明线布线，工艺要求如下：

1）布线通道尽可能少，同路并行导线按主电路、控制电路分类集中，单层密排，紧贴安装面布线。

2）同一平面的导线应高低一致或前后一致，走线合理，不能交叉或架空。

3）对螺栓式接线端子，导线连接时应打钩圈，并按顺时针旋转；对瓦片式接线端子，导线连接时直线插入接线端子固定即可。导线连接不能压绝缘层，也不能露铜过长。

4）布线应横平竖直，分布均匀，变换走向时应垂直。

5）布线时严禁损伤线芯和导线绝缘层。

6）所有从一个接线端子（或接线桩）到另一个接线端子的导线必须完整，中间无接头。

7）一个元器件接线端子上的连接导线不得多于两根，每节接线端子板上的连接导线一般只允许连接一根。

8）进出线应合理汇集在端子板上。

（2）检查布线。

根据安装接线图检查控制板布线是否正确。

（3）安装电动机。

根据安装接线图安装电动机。

（4）安装接线注意事项。

1）按钮内部接线时，用力不可过猛，以防螺钉打滑。

2）按钮内部的接线不要接错，启动按钮选用绿色或黑色按钮，必须接常开触头；停止按钮选用红色按钮，必须接常闭触头。

3）电路中两组接触器的主触头必须换相，出线端反相，否则不能反转。

2. 自检和电路测试

安装完毕的控制电路板，必须认真检查后才允许通电试车，以防止错接、漏接造成不能正常运转的情况或引发短路事故。

（1）按电路图或接线图从电源端开始，逐段核对接线及接线端子处线号是否正确，有无漏接、错接之处，检查导线接点是否符合要求，压接是否牢固。确保接触良好。

（2）用万用表检查电路的通断情况。

1）不通电测试。

主电路检查（可断开控制电路）：压下接触器的衔铁来代替接触器得电吸合时的情况进行检查，依次测量从电源端（L1、L2、L3）到电动机出线端子（U、V、W）上的每一相电路的电阻值，检查是否存在开路现象。

控制电路检查（可断开主电路）：将万用表表笔分别搭在 FU2 的进线端上（U11 和 V21），此时读数应为"∞"。按下启动按钮 SB2 或反转按钮 SB3 时，读数应为接触器 KM1 或 KM2 线圈的电阻值；压住（压下不放）接触器 KM1 或 KM2 的衔铁，使 KM1 或 KM2 的常开触头闭合，读数也应为接触器 KM1 或 KM2 线圈的电阻值。同时按下 SB2 和 SB3，或者同时压住 KM1 或 KM2 的衔铁，此时读数应为"∞"。三相笼型异步电动机接触器联锁正反转控制电路的不通电测试记录填入表 2-2-2。

表 2-2-2 三相笼型异步电动机接触器联锁正反转控制电路的不通电测试记录

项目	主电路						控制电路（U11-V11）			
操作步骤	压住 KM1 衔铁			压住 KM2 衔铁			按下 SB2	按下 SB3	压住 KM1 衔铁	压住 KM2 衔铁
	L1-U	L2-V	L3-W	L1-W	L2-V	L3-U				
电阻值										

2）通电测试。

操作相应按钮，观察电器动作情况。

合上断路器 QF，引入三相电源，按下正转启动按钮 SB2，KM1 线圈得电吸合并自锁，电动机正向启动运转；按下停止按钮 SB1，KM1 线圈断电，再按下反转启动按钮 SB3，KM2 线圈得电吸合自锁，电动机反向启动运转；同时按下 SB2 和 SB3，KM1 和 KM2 线圈都不吸合，电动机不转。按下停止按钮 SB1，电动机停止。三相笼型异步电动机接触器联锁正反转控制电路的通电测试记录填入表 2-2-3。电路运行情况记录填入表 2-2-4。

表 2-2-3　三相笼型异步电动机接触器联锁正反转控制电路的通电测试记录

操作步骤	合上 QF	按下 SB2	按下 SB3	按住 SB1	再次按下 SB3	按下 SB1
电动机动作或接触器吸合情况						

表 2-2-4　电路运行情况记录

步骤	操作内容	观察内容	正确结果	观察结果	备注
1	旋转 FR 整定电流调整装置，将整定电流设定为合适值	整定电流值	10A		实际使用时，整定值为电动机额定电流的 0.95～1.05 倍
2	先插上电源插头，再合上断路器	电源插头断路器	已合闸		顺序不能颠倒，注意安全
3	按下正向启动按钮 SB2 再松开	KM1	吸合		单手操作注意安全
		电动机	正转		
4	按下停止按钮 SB1	KM1	释放		
		电动机	停转		
5	按下反转启动按钮 SB3 再松开	KM2	吸合		
		电动机	反转		
6	按下停止按钮 SB1	KM2	释放		
		电动机	停转		
7	按下正向启动按钮 SB2 再松开	KM1	吸合		
		电动机	正转		KM1 吸合动作时，KM2 不能启动吸合
8	按下反转启动按钮 SB3	KM1	连续吸合		
		电动机	连续正转		
		KM2	不动作		
9	拉下断路器后，按下电源插头	断路器电源插头	已分断		做了吗？

技能检测

一、选择题

1. 为了避免正转和反转接触器同时动作，控制电路应采用(　　)。

A. 自锁控制　　　　　B. 联锁控制　　　　　C. 位置控制　　　　　D. 顺序控制

2. 在接触器联锁正反转控制电路中，其联锁触头应是对方接触器的(　　)。

A. 主触头　　　　　B. 常开触头　　　　　C. 常闭触头　　　　　D. 都可以

3. 在操作接触器联锁正反转控制电路时，要使电动机从正转变为反转，正确的操作方法是(　　)。

A. 可直接按下反转启动按钮　　　　　　　　B. 可直接按下正转启动按钮

C. 必须先按下停止按钮，再按下反转启动按钮

二、简答题

1. 如何使三相异步电动机改变转向？

2. 什么是电气联锁（互锁）？电气联锁在三相异步电动机接触器联锁正反转控制电路中是如何实现的？为什么要设置电气联锁？

3. 三相异步电动机接触器联锁正反转控制电路由正转到反转时，为什么必须先按下停止按钮？

三、分析电路

下图所示为接触器联锁正反转控制电路，观察哪些部分画错了并加以改正。

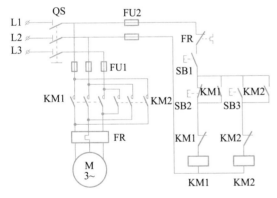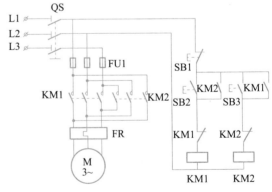

任务评价						
任务名称：				学生姓名：		
考核项目	考核要求	评分标准	配分	评估		
				实测记录	结果分值	
1. 安装前检查	正确检测元件，确保良好	电器元件错检或漏检扣 5 分	5			
2. 元件安装	1. 按照接线图布置元件 2. 正确固定元件	元件布置不整齐、不匀称、不合理，安装不紧固，漏装螺钉，损坏元件，扣 5 分	5			
3. 布线	1. 按图施工 2. 合理布线 3. 规范走线，做到横平竖直、无交叉 4. 规范接线，确保无线头松动、反圈、压皮、露铜过长及绝缘层损伤的情况 5. 正确编号	1. 不按电路图接线扣 20 分 2. 布线不合理、不美观，每根扣 3 分 3. 走线不横平竖直，每根扣 3 分 4. 接点松动、露铜过长、压绝缘层、反圈等，每处扣 3 分 5. 损伤导线绝缘层或线芯扣 5 分 6. 漏套或错套编码套管扣 2 分	50			
4. 通电试车	按照要求和步骤正确调试电路	1. 第一次试车不成功扣 10 分 2. 第二次试车不成功扣 20 分 3. 第三次试车不成功扣 30 分	30			
5. 工具使用	正确使用工具	损坏或错误使用扣 5 分	5			
6. 安全生产	注意安全，遵守操作规程	漏接接地线扣 5 分	5			
7. 时间	按规定时间操作	每超时 10 分钟扣 5 分，超出 30 分钟总评按不及格计				

总计：

说明：

安全文明操作；工具、仪器、仪表摆放有序；工作结束后能按要求整理及打扫环境卫生；若出现安全事故，总评按不及格计。

任务总结与反思				
班级：	姓名：	学号：	分组号：	用时：

任务名称：

评价项目	评价内容	评价效果			
		非常满意	满意	基本满意	不满意
方法能力	我能够合理安排自己的日常学习生活（按时起床，着装得体，准时到达教学活动场所）				
	我能够对所学知识标记重点并说出关键词				
	我能够在有计划的前提下开始实操训练，并主动记录项目实施的心得体会				
社会能力	我能够与同学友好交往				
	我能够主动参与小组工作任务并真诚表达自己的观点				
	我能够真实地反馈自己的工作结果，并能主动向他人寻求必要的帮助				
专业能力	我能够看懂电气原理图、安装接线图并掌握相关知识				
	我能够正确使用电工工具和仪器、仪表				
	我清楚各操作环节的安全注意事项				

三相异步电动机按钮与接触器双重联锁正反转控制电路的安装与调试

知识目标

● 了解三相异步电动机按钮与接触器双重联锁正反转控制电路的作用。
● 掌握三相异步电动机按钮与接触器双重联锁正反转控制电路的构成和工作原理。

技能目标

● 绘制三相异步电动机按钮与接触器双重联锁正反转控制电路的电气安装接线图。
● 根据电气原理图和安装接线图完成三相异步电动机按钮与接触器双重联锁正反转控制电路的安装及电气控制电路的调试。

实训任务

在实训设备上，根据电气原理图和安装接线图完成三相异步电动机按钮与接触器双重联锁正反转控制电路的安装及调试。

具体流程如下：

（1）按照电气原理图绘制安装接线图。

（2）向小组成员及授课教师展示结果并确定正确与否。

（3）根据绘制好的安装接线图进行装接。

（4）自检、交验、通电试车并进行自我评估。

任务准备

（1）按照要求穿着工装进入实训室。

（2）领取实训所需的电工工具、仪器、仪表。

（3）识读三相异步电动机按钮与接触器双重联锁正反转控制电路电气原理图。

（4）配齐所需元器件并进行安装前检查。

（5）按照安装接线图要求进行元器件安装、接线及电气控制电路的调试。

 知识学习

1. 按钮联锁正反转控制电路

按钮联锁正反转
控制电路

所谓按钮联锁，就是将复合按钮的动合触头作为启动按钮，而将其动断触头作为互锁触头串接在另一个接触器线圈支路中。这样，要使电动机改变转向，只要直接按反转按钮就可以了，而不必先按停止按钮，简化了操作。

按钮联锁的正反转控制电路的优点是操作方便；缺点是容易导致电源两相短路故障。

（1）电路组成。

按钮联锁正反转控制电路图如图 2-3-1 所示。按钮联锁正反转控制电路的组成及各元件功能见表 2-3-1。

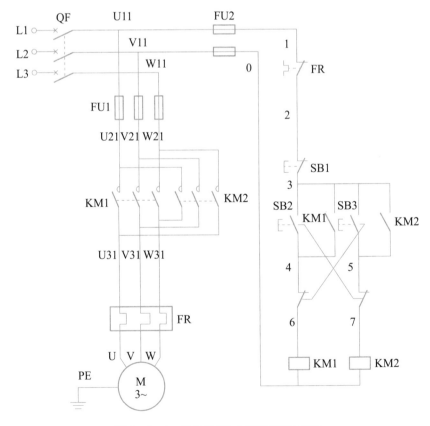

图 2-3-1　按钮联锁正反转控制电路图

表 2 - 3 - 1　按钮联锁正反转控制电路的组成及各元件功能

序号	电路名称	电路组成	元件功能	备注
1	电源电路	QF	电源开关	
2	主电路	FU1	熔断器，主电路的短路保护	KM1 和 KM2 必须联锁，避免同时闭合而造成 L1 和 L3 两相电源短路事故
3		KM1 主触头	控制电动机正转	
4		KM2 主触头	控制电动机反转	
5		FR 热元件	与常闭触头配合，用于过载保护	
6		M	电动机	
7	控制电路	FU2	熔断器，控制电路的短路保护	正反转控制电路的公共电路
8		FR 常闭触头	过载保护	
9		SB1	停止按钮	
10		SB2	正转启动按钮，同时切断反转控制电路	正转控制电路
11		KM1 辅助常开触头	KM1 自锁触头	
12		KM1 线圈	控制 KM1 的吸合与释放	
13		SB3	反转启动按钮，同时切断正转控制电路	反转控制电路
14		KM2 辅助常开触头	KM2 自锁触头	
15		KM2 线圈	控制 KM2 的吸合与释放	

（2）工作原理。

参考接触器联锁正反转控制电路。

2. 接触器与按钮双重联锁正反转控制电路

电路采用 KM1 和 KM2 两个接触器，当 KM1 主触头接通时，三相电源按 L1 - L2 - L3 相序接入电动机；当 KM2 主触头接通时，三相电源按 L3 - L2 - L1 相序接入电动机。所以当两个接触器分别工作时，电动机的旋转方向相反。

双重联锁正反转
控制电路

与接触器联锁正反转控制电路相同，KM1 和 KM2 这两对常闭辅助触头在电路中所起的作用为电气互锁，但在接触器联锁正反转控制电路中，需要改变电动机转向时，必须先按下停止按钮，再按下反向启动按钮，即电路实现的是"正-停-反"的控制功能，这在某些场合下不方便使用。

实际工作中，通常要求实现电动机正反转操作的直接切换，即要求电动机正向运转时操作正向启动按钮，要求电动机反向运转时，则可以直接操作反向启动按钮，无须先按下停止按钮。为此，接触器与按钮双重联锁正反转控制电路在电路中引入了按钮互锁的环节。将正反转启动按钮的常闭触头串接在反转、正转接触器线圈电路中，起互锁作用，这种互锁称按钮互锁，又称机械互锁。

既有电气互锁又有按钮互锁，即为双重互锁。

第一重：交流接触器常闭触头与对方的线圈相串联而构成的联锁。

第二重：复合按钮的常闭触头串联在对方的电路中而构成的联锁。

接触器与按钮双重联锁正反转控制电路克服了前面两种控制电路的缺点，兼有接触器联锁和按钮联锁的优点，操作方便，安全可靠，反转迅速。多应用于电力拖动系统，如Z35 型摇臂钻床立柱松紧电动机的电气控制电路和 X62W 型万能铣床主轴电动机的电气控制电路。

（1）电路组成。

接触器与按钮双重联锁正反转控制电路图如图 2-3-2 所示。接触器与按钮双重联锁正反转控制电路的组成及各元件功能见表 2-3-2。

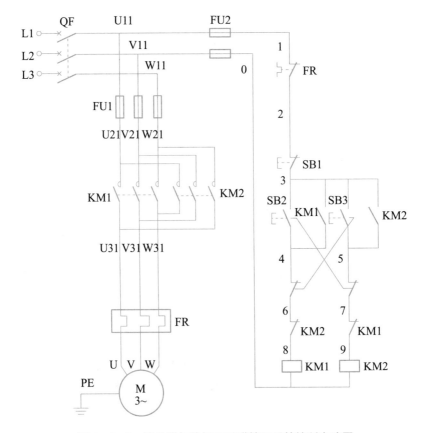

图 2-3-2 接触器与按钮双重联锁正反转控制电路图

表 2-3-2　接触器与按钮双重联锁正反转控制电路的组成及各元件功能

序号	电路名称	电路组成	元件功能	备注
1	电源电路	QF	电源开关	
2	主电路	FU1	熔断器，主电路的短路保护	KM1 和 KM2 必须联锁，避免同时闭合而造成 L1 和 L3 两相电源短路事故
3		KM1 主触头	控制电动机正转	
4		KM2 主触头	控制电动机反转	
5		FR 热元件	与常闭触头配合，用于过载保护	
6		M	电动机	
7	控制电路	FU2	熔断器，控制电路的短路保护	正反转控制电路的公共电路
8		FR 常闭触头	过载保护	
9		SB1	停止按钮	
10		SB2	正转启动按钮，同时切断反转控制电路	正转控制电路，KM2 的常闭触头串联在 KM1 线圈电路中
11		KM1 辅助常开触头	KM1 自锁触头	
12		KM2 辅助常闭触头	联锁保护	
13		KM1 线圈	控制 KM1 的吸合与释放	
14		SB3	反转启动按钮，同时切断正转控制电路	反转控制电路，KM1 的常闭触头串联在 KM2 线圈电路中
15		KM2 辅助常开触头	KM2 自锁触头	
16		KM1 辅助常闭触头	联锁触头	
17		KM2 线圈	控制 KM2 的吸合与释放	

（2）工作原理。

1）正转控制。

2）反转控制。

停止控制：若要停止，按下 SB1，整个控制电路失电，主触头分断，电动机失电停转。

 任务实施

在实训设备上，按照控制要求完成元器件测试、安装与硬件接线（图2-3-3），检查电路并进行故障排除。在明确实训任务的基础上，分析三相异步电动机按钮与接触器双重联锁正反转控制电路的电气原理图（图2-3-4）。

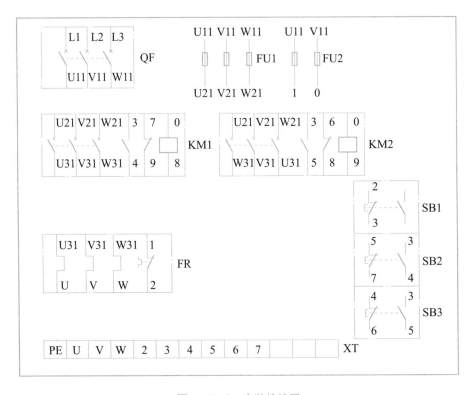

图 2-3-3 安装接线图

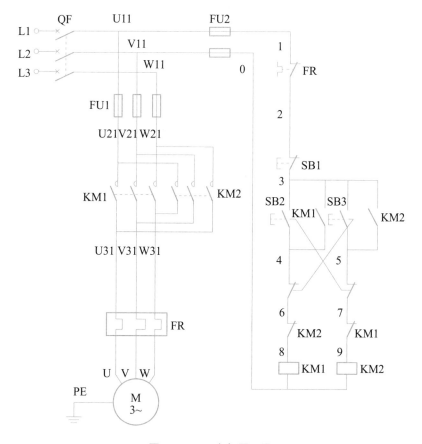

图 2-3-4 电气原理图

1. 安装

（1）布线。

一般从电源端开始按线号顺序接线，先接主电路，后接控制电路。选择适当的导线截面，截取合适长度，剥去两端绝缘外皮。

按照安装接线图进行板前明线布线，工艺要求如下：

1）布线通道尽可能少，同路并行导线按主电路、控制电路分类集中，单层密排，紧贴安装面布线。

2）同一平面的导线应高低一致或前后一致，走线合理，不能交叉或架空。

3）对螺栓式接线端子，导线连接时应打钩圈，并按顺时针旋转；对瓦片式接线端子，导线连接时直线插入接线端子固定即可。导线连接不能压绝缘层，也不能露铜过长。

4）布线应横平竖直，分布均匀，变换走向时应垂直。

5）布线时严禁损伤线芯和导线绝缘层。

6）所有从一个接线端子（或接线桩）到另一个接线端子的导线必须完整，中间无接头。

7）一个元器件接线端子上的连接导线不得多于两根，每节接线端子板上的连接导线一般只允许连接一根。

8）进出线应合理汇集在端子板上。

（2）检查布线。

根据安装接线图检查控制板布线是否正确。

（3）安装电动机。

根据安装接线图安装电动机。

（4）安装接线注意事项。

1）按钮内部接线时，用力不可过猛，以防螺钉打滑。

2）按钮内部的接线不要接错，启动按钮选用绿色或黑色按钮，必须接常开触头；停止按钮选用红色按钮，必须接常闭触头。

3）电路中两组接触器的主触头必须换相，出线端反相，否则不能反转。

2. 自检和电路测试

安装完毕的控制电路板，必须认真检查后才允许通电试车，以防止错接、漏接造成不能正常运转的情况或引发短路事故。

（1）按电路图或接线图从电源端开始，逐段核对接线及接线端子处线号是否正确，有无漏接、错接之处，检查导线接点是否符合要求，压接是否牢固。确保接触良好。

（2）用万用表检查电路的通断情况。

1）不通电测试。

主电路检查（可断开控制电路）：压下接触器的衔铁来代替接触器得电吸合时的情况进行检查，依次测量从电源端（L1、L2、L3）到电动机出线端子（U、V、W）上的每一相电路的电阻值，检查是否存在开路现象。

控制电路检查（可断开主电路）：将万用表表笔分别搭在 FU2 的进线端上（U11 和 V21），此时读数应为"∞"。按下启动按钮 SB2 或反转按钮 SB3 时，读数应为接触器 KM1 或 KM2 线圈的电阻值；压住（压下不放）接触器 KM1 或 KM2 的衔铁，使 KM1 或 KM2 的常开触点闭合，读数也应为接触器 KM1 或 KM2 线圈的电阻值。同时按下 SB2 和 SB3，或者同时压住 KM1 或 KM2 的衔铁，此时读数应为"∞"。三相笼型异步电动机双重联锁正反转控制电路的不通电测试记录填入表 2-3-3。

表 2-3-3　三相笼型异步电动机双重联锁正反转控制电路的不通电测试记录

项目	主电路						控制电路（U11-V11）			
操作步骤	压住 KM1 衔铁			压住 KM2 衔铁			按下 SB2	按下 SB3	压住 KM1 衔铁	压住 KM2 衔铁
	L1-U	L2-V	L3-W	L1-W	L2-V	L3-U				
电阻值										

2）通电测试。

操作相应按钮，观察电器动作情况。

合上断路器 QF，引入三相电源，按下正转启动按钮 SB2，KM1 线圈得电吸合并自锁，电动机正向启动运转；按下反转启动按钮 SB3，KM2 线圈得电吸合自锁，电动机反向启动运转；同时按下 SB2 和 SB3，KM1 和 KM2 线圈都不吸合，电动机不转。按下停止按钮 SB1，电动机停止。三相笼型异步电动机双重联锁正反转控制电路的通电测试记录填入表 2-3-4。电路运行情况记录填入表 2-3-5。

表 2-3-4　三相笼型异步电动机双重联锁正反转控制电路的通电测试记录

操作步骤	合上 QF	按下 SB2	按下 SB3	按下 SB1	再次按下 SB3	按下 SB1
电动机动作或接触器吸合情况						

表 2-3-5　电路运行情况记录

步骤	操作内容	观察内容	正确结果	观察结果	备注
1	旋转 FR 整定电流调整装置，将整定电流设定为合适值	整定电流值	10A		实际使用时，整定值为电动机额定电流的 0.95～1.05 倍
2	先插上电源插头，再合上断路器	电源插头断路器	已合闸		顺序不能颠倒，注意安全
3	按下正向启动按钮 SB2 再松开	KM1	吸合		单手操作注意安全
		电动机	正转		
4	按下反转启动按钮 SB3 再松开	KM2	吸合		
		电动机	反转		
5	按下停止按钮 SB1	KM2	释放		
		电动机	停转		
6	拉下断路器后，拔下电源插头	断路器电源插头	已分断		做了吗?

 技能检测

一、选择题

1. 按钮联锁正反转控制电路的优点是操作方便，缺点是容易产生电源两相短路事故。

在实际工作中，经常采用（　　）正反转控制电路。

    A. 按钮联锁　　　　　　　　　　　　B. 接触器联锁

    C. 按钮、接触器双重联锁　　　　　　D. 倒顺开关

  2. 在双重联锁的正反转控制电路中，双重联锁是指除了用（　　）作电气联锁外，还采用（　　）作机械联锁，从而形成双重联锁。

    A. 按钮　　　　　B. 交流接触器　　　　C. 熔断器　　　　　D. 热继电器

二、判断题

（　　）1. 按钮联锁正反转控制电路的优点是工作安全可靠、操作方便。

（　　）2. 按钮联锁正反转控制电路可以克服接触器联锁正反转控制电路操作不便的缺点，但容易产生电源两相短路故障。

三、简答题

1. 什么是联锁（互锁）控制？

2. 在电动机正反转控制电路中为什么必须设置电气联锁？

四、设计题

  某机床上有两台电动机，一台是主轴电动机，要求能正反转控制；另一台是冷却泵电动机，只要求正转；两台电动机都要求具有短路、过载、失电压和欠电压保护功能。试设计满足要求的电路。

任务评价					
任务名称：			学生姓名：		
考核项目	考核要求	评分标准	配分	评估	
				实测记录	结果分值
1. 安装前检查	正确检测元件，确保良好	电器元件错检或漏检扣 5 分	5		
2. 元件安装	1. 按照接线图布置元件 2. 正确固定元件	元件布置不整齐、不匀称、不合理，安装不紧固，漏装螺钉，损坏元件，扣 5 分	5		
3. 布线	1. 按图施工 2. 合理布线 3. 规范走线，做到横平竖直、无交叉 4. 规范接线，确保无线头松动、反圈、压皮、露铜过长及绝缘层损伤的情况 5. 正确编号	1. 不按电路图接线扣 20 分 2. 布线不合理、不美观，每根扣 3 分 3. 走线不横平竖直，每根扣 3 分 4. 接点松动、露铜过长、压绝缘层、反圈等，每处扣 3 分 5. 损伤导线绝缘层或线芯扣 5 分 6. 漏套或错套编码套管扣 2 分	50		
4. 通电试车	按照要求和步骤正确调试电路	1. 第一次试车不成功扣 10 分 2. 第二次试车不成功扣 20 分 3. 第三次试车不成功扣 30 分	30		
5. 工具使用	正确使用工具	损坏或错误使用扣 5 分	5		
6. 安全生产	注意安全，遵守操作规程	漏接接地线扣 5 分	5		
7. 时间	按规定时间操作	每超时 10 分钟扣 5 分，超出 30 分钟总评按不及格计			

总计：

说明：

安全文明操作；工具、仪器、仪表摆放有序；工作结束后能按要求整理及打扫环境卫生；若出现安全事故，总评按不及格计。

任务总结与反思				
班级：	姓名：	学号：	分组号：	用时：

任务名称：

评价项目	评价内容	评价效果			
		非常满意	满意	基本满意	不满意
方法能力	我能够合理安排自己的日常学习生活（按时起床，着装得体，准时到达教学活动场所）				
	我能够对所学知识标记重点并说出关键词				
	我能够在有计划的前提下开始实操训练，并主动记录项目实施的心得体会				
社会能力	我能够与同学友好交往				
	我能够主动参与小组工作任务并真诚表达自己的观点				
	我能够真实地反馈自己的工作结果，并能主动向他人寻求必要的帮助				
专业能力	我能够看懂电气原理图、安装接线图并掌握相关知识				
	我能够正确使用电工工具和仪器、仪表				
	我清楚各操作环节的安全注意事项				

三相异步电动机行程控制电路的安装与调试

知识目标

● 熟悉行程开关的结构、工作原理及使用方法。

● 掌握三相异步电动机行程控制电路的构成和工作原理。

技能目标

● 能够绘制三相异步电动机行程控制电路的电气安装接线图。

● 能够根据电气原理图和安装接线图完成三相异步电动机行程控制电路的安装及电气控制电路的调试。

实训任务

在实训设备上，根据电气原理图和安装接线图完成三相异步电动机行程控制电路的安装及调试。

具体流程如下：

（1）按照电气原理图绘制安装接线图。

（2）向小组成员及授课教师展示结果并确定正确与否。

（3）根据绘制好的安装接线图进行装接。

（4）自检、交验、通电试车并进行自我评估。

任务准备

（1）按照要求穿着工装进入实训室。

（2）领取实训所需的电工工具、仪器、仪表。

（3）识读三相异步电动机行程控制电路电气原理图。

（4）配齐所需元器件并进行安装前检查。

（5）按照安装接线图要求，进行元器件安装、接线及电气控制电路的调试。

 知识学习

在实际生产中，需要对某些机械的运动部件的行程或位置进行限制，或者要求其在一定范围内能够自行往返循环，如万能铣床、摇臂钻床、桥式起重机以及各种自动或半自动控制机床设备。实现这种控制要求的主要电器是行程开关。

1. 行程开关

行程开关是一种根据工作机械的行程发出操作命令以控制其运动方向和行程大小的开关。其作用原理与按钮相同，区别在于它不需要手指按压，而是通过生产机械运动部件的碰压使触头动作，从而将机械信号转变为电信号，以控制机械动作或控制程序。行程开关实物如图2-4-1所示。

（a）直动式 　（b）单轮滚动式 　（c）微动开关 　（d）双轮滚动式 　（e）接近开关
　行程开关 　　　行程开关 　　　　　　　　　　　行程开关

图2-4-1　行程开关实物

（1）行程开关型号的含义。

行程开关型号的含义如图2-4-2所示。

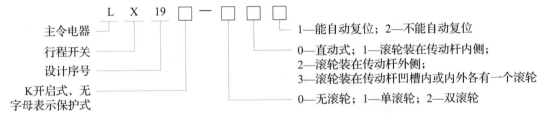

图2-4-2　行程开关型号的含义

（2）结构及工作原理。

各系列行程开关的基本结构大致相同，均由触头系统、操作机构和外壳组成。行程开关的结构如图2-4-3所示。

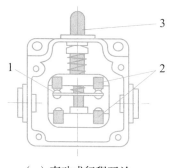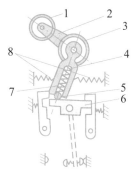

（a）直动式行程开关　　　　　（b）滚轮旋转式行程开关

1—动触头；2—静触头；3—推杆　　　　1—滚轮；2—上传臂；3—盘形弹簧；

4—推杆；5—小滚轮；6—擒纵件；7—压缩弹簧；8—左右弹簧

图 2-4-3　行程开关的结构

直动式行程开关的动作原理与按钮相同，只是它用运动部件上的挡铁碰压行程开关的推杆。直动式行程开关虽然结构简单，但是触头的分合速度取决于挡铁的移动速度。若挡铁的移动速度太慢，则触头不能瞬时切断电路，会使电弧在触头上的停留时间过长，易烧蚀触头。因此这种开关不宜用在挡铁的移动速度小于 0.4m/min 的场合。

为了克服直动式行程开关的缺点，可采用能瞬时动作的滚轮旋转式行程开关。

（3）行程开关的符号。

行程开关的符号如图 2-4-4 所示。

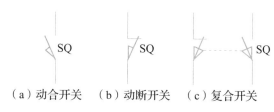

（a）动合开关　　（b）动断开关　　（c）复合开关

图 2-4-4　行程开关的符号

（4）行程开关的检测。

行程开关的拆卸与检测记录填入表 2-4-1。

表 2-4-1　行程开关的拆卸与检测记录

型号			拆卸步骤	主要零部件	
				名称	作用
触头数					
常开触头		常闭触头			
触头电阻					
常开触头		常闭触头			
动作前	动作后	动作前	动作后		

2. 三相异步电动机行程控制

组合机床、铣床的工作台，高炉加料机等机械设备等都需要能在一定的距离内自动往返，以实现连续工作。

（1）电路组成。

三相异步电动机行程控制电路图如图2-4-5所示。三相异步电动机行程控制电路的组成及各元件功能见表2-4-2。

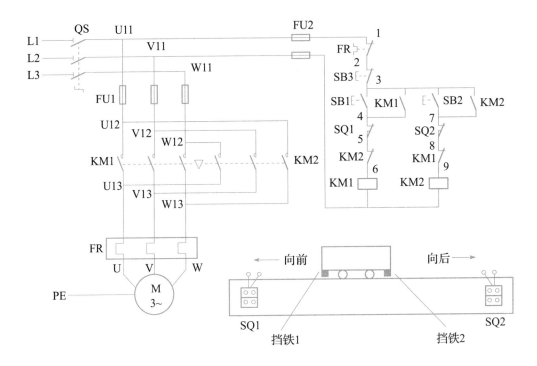

图 2-4-5　三相异步电动机行程控制电路图

表 2-4-2　三相异步电动机行程控制电路的组成及各元件功能

序号	电路名称	电路组成	元件功能	备注
1	电源电路	QS	电源开关	
2	主电路	FU1	熔断器，主电路的短路保护	KM1 和 KM2 联锁
3		KM1 主触头	控制电动机正转	
4		KM2 主触头	控制电动机反转	
5		FR 热元件	与常闭触头配合，用于过载保护	
6		M	电动机	

续表

序号	电路名称	电路组成	元件功能	备注
7	控制电路	FU2	熔断器，控制电路的短路保护	正反转控制电路的公共电路
8		FR 常闭触头	过载保护	
9		SB3	停止按钮	
10		SB1	正转启动按钮	正转控制电路
11		KM1 辅助常开触头	KM1 自锁触头	
12		SQ1 常闭触头	左限位	
13		KM2 辅助常闭触头	联锁保护	
14		KM1 线圈	控制 KM1 的吸合与释放	
15		SB2	反转启动按钮	反转控制电路
16		KM2 辅助常开触头	KM2 自锁触头	
17		SQ2 常闭触头	右限位	
18		KM1 辅助常闭触头	联锁保护	
19		KM2 线圈	控制 KM2 的吸合与释放	

（2）工作原理。

1）行车向前运动。

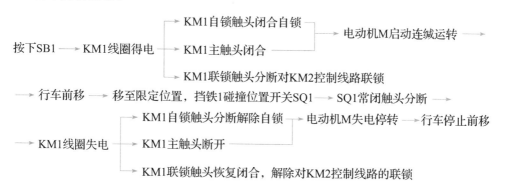

2）行车向后运动。

（原理分析同上）停车时只需按下 SB3 即可。

3. 三相异步电动机自动往返行程控制

利用生产机械的行程开关来控制其自动往返运行的方法称为自动往返控制。

（1）电路组成。

三相异步电动机自动往返行程控制电路图及运动示意图如图 2－4－6 所示。三相异步电动机自动往返行程控制电路的组成及各元件功能见表 2－4－3。

自动往返正反转
控制电路

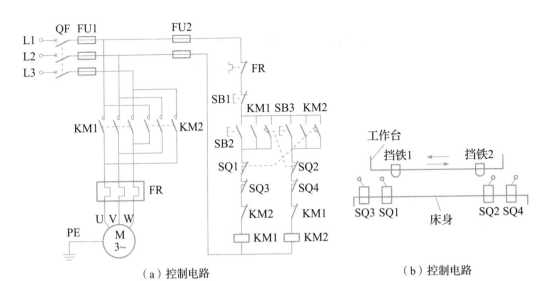

（a）控制电路　　　　　　　　　　（b）控制电路

图 2 - 4 - 6　三相异步电动机自动往返行程控制电路图及运动示意图

表 2 - 4 - 3　三相异步电动机自动往返行程控制电路的组成及各元件功能

序号	电路名称	电路组成	元件功能	备注
1	电源电路	QF	电源开关	
2	主电路	FU1	熔断器，主电路的短路保护	KM1 和 KM2 联锁
3		KM1 主触头	控制电动机正转	
4		KM2 主触头	控制电动机反转	
5		FR 热元件	与常闭触头配合，用于过载保护	
6		M	电动机	
7	控制电路	FU2	熔断器，控制电路的短路保护	正反转控制电路的公共电路
8		FR 常闭触头	过载保护	
9		SB1	停止按钮	
10		SB2	正转启动按钮	正转控制电路，SQ2 常开触头与启动按钮 SB2 并联，SQ1 常闭触头与 KM1 线圈串联
11		KM1 辅助常开触头	KM1 自锁触头	
12		SQ2 常开触头	正转启动	
13		SQ1 常闭触头	左限位	
14		KM2 辅助常闭触头	联锁保护	
15		KM1 线圈	控制 KM1 的吸合与释放	
16		SQ3	终端保护	
17		SQ1 常开触头	反转启动	反转控制电路，SQ1 常开触头与启动按钮 SB3 并联，SQ2 常闭触头与 KM2 线圈串联
18		KM2 辅助常开触头	KM2 自锁触头	
19		SB3	反转启动按钮	
20		SQ2 常闭触头	右限位	
21		KM1 辅助常开触头	联锁保护	
22		KM2 线圈	控制 KM2 的吸合与释放	
23		SQ4	终端保护	

（2）工作原理。

先合上 QF，按下正转按钮 SB2，接触器 KM1 线圈通电并自锁，电动机正向旋转，拖动工作台前进，到达加工终点，挡铁压下 SQ1，其常闭触头断开，KM1 失电，电动机停止正转，但 SQ1 常开触头闭合，又使接触器 KM2 线圈通电并自锁，电动机反向启动运转，拖动工作台后退，当后退到加工终点时，挡铁压下 SQ2，其常闭触头断开，KM2 失电，KM1 线圈通电并自锁，电动机由反转变为正转，工作台由后退变为前进，如此反复地自动往返工作。

按下停止按钮 SB1 时，电动机停止，工作台停止运动。

若 SQ1、SQ2 失灵，则由极限限位开关 SQ3、SQ4 实现保护，避免工作台因超出极限位置而发生事故。

1）左移启动。

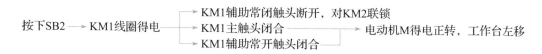

2）右移启动。

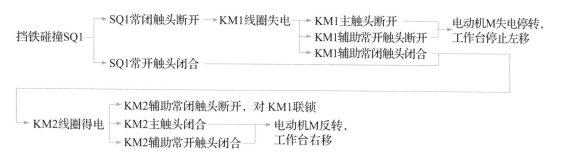

3）循环启动。

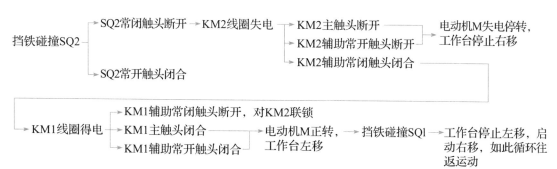

停止。按下 SB1→控制电路失电→KM1（或 KM2）主触头断开→电动机 M 失电停转，工作台停止移动。

任务实施

在实训设备上，按照控制要求完成元器件测试、安装与硬件接线（图 2-4-7），检查电路并进行故障排除。在明确实训任务的基础上，分析三相异步电动机行程控制电路的电气原理图（图 2-4-8）。

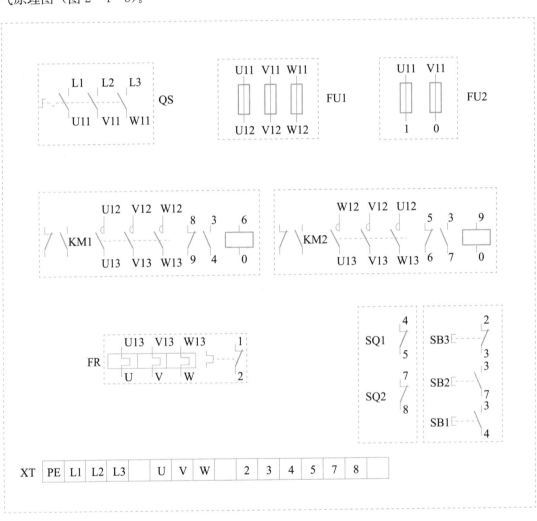

图 2-4-7　安装接线图

1. 安装

（1）布线。

一般从电源端开始按线号顺序接线，先接主电路，后接控制电路。选择适当的导线截面，截取合适长度，剥去两端绝缘外皮。

按照安装接线图进行板前明线布线，工艺要求如下：

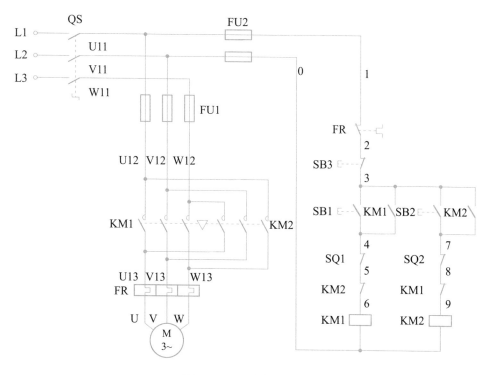

图 2-4-8　电气原理图

1）布线通道尽可能少，同路并行导线按主电路、控制电路分类集中，单层密排，紧贴安装面布线。

2）同一平面的导线应高低一致或前后一致，走线合理，不能交叉或架空。

3）对螺栓式接线端子，导线连接时应打钩圈，并按顺时针旋转；对瓦片式接线端子，导线连接时直线插入接线端子固定即可。导线连接不能压绝缘层，也不能露铜过长。

4）布线应横平竖直，分布均匀，变换走向时应垂直。

5）布线时严禁损伤线芯和导线绝缘层。

6）所有从一个接线端子（或接线桩）到另一个接线端子的导线必须完整，中间无接头。

7）一个元器件接线端子上的连接导线不得多于两根，每节接线端子板上的连接导线一般只允许连接一根。

8）进出线应合理汇集在端子板上。

（2）检查布线。

根据安装接线图检查控制板布线是否正确。

（3）安装电动机。

根据安装接线图安装电动机。

（4）安装接线注意事项。

1）按钮内部接线时，用力不可过猛，以防螺钉打滑。

2）按钮内部的接线不要接错，启动按钮选用绿色或黑色按钮，必须接常开触头；停止按钮选用红色按钮，必须接常闭触头。

3）电路中两组接触器的主触头必须换相，出线端反相，否则不能反转。

2. 自检和电路测试

安装完毕的控制电路板，必须认真检查后才允许通电试车，以防止错接、漏接造成不能正常运转的情况或引发短路事故。

（1）按电路图或接线图从电源端开始，逐段核对接线及接线端子处线号是否正确，有无漏接、错接之处，检查导线接点是否符合要求，压接是否牢固。确保接触良好。

（2）用万用表检查电路的通断情况。

1）不通电测试。

主电路检查（可断开控制电路）：压下接触器的衔铁来代替接触器得电吸合时的情况进行检查，依次测量从电源端（L1、L2、L3）到电动机出线端子（U、V、W）上的每一相电路的电阻值，检查是否存在开路现象。

控制电路检查（可断开主电路）：将万用表表笔分别搭在 FU2 的进线端上（U11 和 V21），此时读数应为"∞"。按下启动按钮 SB1 或反转按钮 SB2 时，读数应为接触器 KM1 或 KM2 线圈的电阻值；压住（压下不放）接触器 KM1 或 KM2 的衔铁，使 KM1 或 KM2 的常开触点闭合，读数也应为接触器 KM1 或 KM2 线圈的电阻值。同时按下 SB2 和 SB3，或者同时压住 KM1 或 KM2 的衔铁，此时读数应为"∞"。压住行程开关 SQ1，SQ1 常闭分断，万用表读数应为"∞"，或压住行程开关 SQ2，SQ2 常闭分断，万用表读数应为"∞"。

2）通电测试。

操作相应按钮，观察电器动作情况。

合上断路器 QS，引入三相电源，按下正转启动按钮 SB1，KM1 线圈得电吸合并自锁，电动机正向启动运转，移至限定位置，挡铁压下 SQ1，其常闭触头断开，KM1 失电，电动机停止正转；按下反转启动按钮 SB2，KM2 线圈得电吸合自锁，电动机反向启动运转，移至限定位置，挡铁压下 SQ2，其常闭触头断开，KM2 失电，电动机停止反转。同时按下 SB1 和 SB2，KM1 和 KM2 线圈都不吸合，电动机不转；正转或反转时，按下停止按钮 SB3，电动机停止运转。电路运行情况记录填入表 2-4-4。

表 2-4-4　电路运行情况记录

步骤	操作内容	观察内容	正确结果	观察结果	备注
1	旋转 FR 整定电流调整装置，将整定电流设定为合适值	整定电流值	10A		实际使用时，整定值为电动机额定电流的 0.95～1.05 倍

续表

步骤	操作内容	观察内容	正确结果	观察结果	备注
2	先插上电源插头，再合上断路器	电源插头 断路器	已合闸		顺序不能颠倒，注意安全
3	按下正向启动按钮 SB1 再松开	KM1	吸合		
		电动机	正转		
4	动作 SQ1 后复位	KM1	释放		
		电动机	停转		
5	按下停止按钮 SB3	KM1	释放		单手操作 注意安全
		电动机	停转		
6	按下反转启动按钮 SB2 再松开	KM2	吸合		
		电动机	反转		
7	动作 SQ2 后复位	KM2	释放		
		电动机	停转		
8	按下停止按钮 SB3	KM2	释放		
		电动机	停转		
9	拉下断路器后，拔下电源插头	断路器 电源插头	已分断		做了吗？

 技能检测

一、填空题

1. 行程开关的作用与（　　　）相同，是一种利用生产机械运动部件的碰撞使触头动作的电器。

2. 自动往返控制电路属于（　　　）电路。

二、简答题

在自动往返控制电路中，起限位功能的行程开关应使用常开触头还是常闭触头？

任务评价					
任务名称：				学生姓名：	
考核项目	考核要求	评分标准	配分	评估	
				实测记录	结果分值
1. 安装前检查	正确检测元件，确保良好	电器元件错检或漏检扣 5 分	5		
2. 元件安装	1. 按照接线图布置元件 2. 正确固定元件	元件布置不整齐、不匀称、不合理，安装不紧固，漏装螺钉，损坏元件，扣 5 分	5		
3. 布线	1. 按图施工 2. 合理布线 3. 规范走线，做到横平竖直、无交叉 4. 规范接线，确保无线头松动、反圈、压皮、露铜过长及绝缘层损伤的情况 5. 正确编号	1. 不按电路图接线扣 20 分 2. 布线不合理、不美观，每根扣 3 分 3. 走线不横平竖直，每根扣 3 分 4. 接点松动、露铜过长、压绝缘层、反圈等，每处扣 3 分 5. 损伤导线绝缘层或线芯扣 5 分 6. 漏套或错套编码套管扣 2 分	50		
4. 通电试车	按照要求和步骤正确调试电路	1. 第一次试车不成功扣 10 分 2. 第二次试车不成功扣 20 分 3. 第三次试车不成功扣 30 分	30		
5. 工具使用	正确使用工具	损坏或错误使用扣 5 分	5		
6. 安全生产	注意安全，遵守操作规程	漏接接地线扣 5 分	5		
7. 时间	按规定时间操作	每超时 10 分钟扣 5 分，超出 30 分钟总评按不及格计			
总计：					

说明：

安全文明操作；工具、仪器、仪表摆放有序；工作结束后能按要求整理及打扫环境卫生；若出现安全事故，总评按不及格计。

任务总结与反思					
班级：	姓名：	学号：	分组号：	用时：	

任务名称：

评价项目	评价内容	评价效果			
		非常满意	满意	基本满意	不满意
方法能力	我能够合理安排自己的日常学习生活（按时起床，着装得体，准时到达教学活动场所）				
	我能够对所学知识标记重点并说出关键词				
	我能够在有计划的前提下开始实操训练，并主动记录项目实施的心得体会				
社会能力	我能够与同学友好交往				
	我能够主动参与小组工作任务并真诚表达自己的观点				
	我能够真实地反馈自己的工作结果，并能主动向他人寻求必要的帮助				
专业能力	我能够看懂电气原理图、安装接线图并掌握相关知识				
	我能够正确使用电工工具和仪器、仪表				
	我清楚各操作环节的安全注意事项				

三相异步电动机降压启动控制电路的设计、安装与调试

项目概述

本项目以三相异步电动机降压启动控制电路设计、安装与调试为例，介绍降压启动控制所需的低压电器的结构、工作原理及应用；降压启动基本电气控制电路的设计、安装、调试与检修；降压启动控制电气图的识读和绘制方法；降压启动电气控制电路的故障排除方法等。

通过对本项目的学习，同学们将能够正确设计、安装和调试三相异步电动机降压启动控制电路；能够正确使用相关仪器仪表对三相异步电动机降压启动控制电路进行检测；能够正确排除三相异步电动机降压启动控制电路的典型故障；能够正确识读和绘制三相异步电动机降压启动控制电路。

本项目学习过程：认识元器件→识读电路图→识读接线图→检测元件→配线安装→自检→通电测试→故障排除。

职业素养

● 培养分析问题、解决问题的能力，勇于创新、敬业乐业，团结协作，合理分工，互相帮助，协作完成工作任务。

● 文化自信，科技强国，向身边的工匠学习吃苦耐劳、精益求精的优秀品质，激发爱国热情，坚定中国只有走科技强国的道路才能自强不息，努力成为新时期具有工匠精神的优秀技术人才。

● 在学习和实践中领会企业的6S制度（整理、整顿、清扫、清洁、素养、安全）。

任务 1
三相异步电动机定子绕组串接电阻降压启动控制电路的设计、安装与调试

 知识目标

● 熟悉时间继电器的结构、工作原理及使用方法。
● 掌握三相异步电动机定子绕组串接电阻降压启动控制电路的构成和工作原理。

 技能目标

● 能够绘制三相异步电动机定子绕组串接电阻降压启动控制电路的电气安装接线图。
● 能够根据电气原理图和安装接线图完成三相异步电动机定子绕组串接电阻降压启动控制电路的安装及电气控制电路的调试。

 实训任务

在实训设备上，根据电气原理图和安装接线图完成三相异步电动机定子绕组串接电阻降压启动控制电路的安装及调试。

具体流程如下：

（1）按照电气原理图绘制安装接线图。

（2）向小组成员及授课教师展示结果并确定正确与否。

（3）根据绘制好的安装接线图进行装接。

（4）自检、交验、通电试车并进行自我评估。

 任务准备

（1）按照要求穿着工装进入实训室。

（2）领取实训所需的电工工具、仪器、仪表。

（3）识读三相异步电动机定子绕组串接电阻降压启动控制电路的电气原理图。

（4）配齐所需元器件并进行安装前检查。

（5）按照安装接线图要求，进行元器件安装、接线及电气控制电路的调试。

 知识学习

前面介绍的各种控制电路，启动时加在电动机定子绕组上的电压为电动机的额定电压，属于全压启动，也称直接启动。直接启动的优点是电气设备少，电路简单，维修量较小。但是全压启动的启动电流很大，一般为额定电流的 4～7 倍。在电源变压器容量不够大而电动机功率较大的情况下，直接启动将导致电源变压器输出电压下降，这不仅会减小电动机本身的启动转矩，而且会影响同一供电电路中其他电气设备的正常工作。因此，较大容量的电动机需降压启动。

电动机可否直接启动，应根据启动次数、电网容量和电动机的容量来决定。一般规定启动时供电母线上的电压降不得超过额定电压的 10%～15%；启动时变压器的短时过载不得超过最大允许值，即电动机的最大容量不超过变压器容量的 20%～30%。

通常，电源容量在 180kV·A 以上、电动机容量在 7kW 以下的三相异步电动机可直接启动。

判断一台电动机能否直接启动，还可以用下面的经验公式：

$$\frac{I_{st}}{I_N} \leqslant \frac{3}{4} + \frac{S}{4P}$$

式中：I_{st}——电动机全压启动电流，A；

I_N——电动机额定电流，A；

S——电源变压器容量，kV·A；

P——电动机功率，kW。

凡不满足直接启动条件的，均须降压启动。

降压启动是指利用启动设备将电压适当降低后加到电动机的定子绕组上进行启动，待电动机启动运转后，再使其电压恢复到额定值正常运转。由于电流会随电压的降低而减小，所以降压启动达到了减小启动电流的目的。但是，由于电动机转矩与电压的平方成正比，所以降压启动也将导致电动机的启动转矩大大降低。因此，降压启动需要在空载或轻载下进行。

常用的降压启动方法有 4 种，即定子绕组串接电阻降压启动、自耦变压器降压启动、星形（Y）-三角形（△）降压启动、延边三角形降压启动。

1. 时间继电器

在实际生产中，经常需要按一定的时间间隔对机械进行控制，即时间控制。例如电动机降压启动后需要经过一定的时间才能加上额定电压；一条自动生产线中的多台电动机经常需要分批启动，即在第一批启动后，经过一定的时间才能启动第二批。时间控制通常是通过时间继电器来实现的。从得到动作信号起至触头动作或输出电路产生跳跃式改变存在一定的延时，该延时符合其准确度要求的继电器称为时间继电器。时间继电器广泛应用于需要按时间顺序进行控制的电气控制电路中。

常用的时间继电器有电磁式、电动式、空气阻尼式、晶体管式等。

时间继电器的延时方式有通电延时和断电延时两种。

（1）型号含义。

时间继电器型号的含义如图 3-1-1 所示。

图 3-1-1　时间继电器型号的含义

（2）外形及结构。

JS7 系列空气阻尼式时间继电器的外形如图 3-1-2 所示。

JS7 系列空气阻尼式时间继电器的结构如图 3-1-3 所示。

1）电磁系统：由线圈、铁芯和衔铁组成。

2）触头系统：包括一对瞬时触头（一常开、一常闭）和一对延时触头（一常开、一常闭），瞬时触头和延时触头分别是两个微动开关的触头。

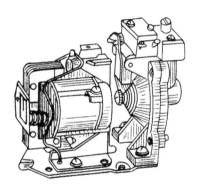

图 3-1-2　JS7 系列空气阻尼式
时间继电器的外形

3）空气室：空气室为一空腔，由橡皮膜、活塞等组成。橡皮膜可随空气的增减而移动，顶部的调节螺钉可调节延时时间。

4）传动机构：由推杆、活塞杆、杠杆及各种类型的弹簧等组成。

5）基座：由金属板制成，用于固定电磁机构和气室。

（3）工作原理。

1）通电延时型时间继电器的工作原理。

当线圈通电时，微动开关 SQ2 的触头瞬时动作，而 SQ1 的触头由于气囊中空气阻尼的作用延时动作，其延时的长短取决于进气的快慢，可通过调节螺钉进行调节，延时范围有 0.4～60s 和 0.4～180s 两种。通电延时型时间继电器的工作原理如图 3-1-4 所示。

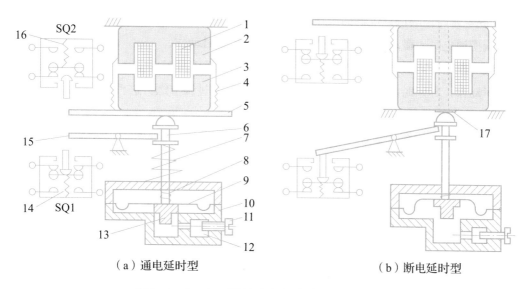

（a）通电延时型　　　　　　　　　　　（b）断电延时型

图 3-1-3　JS7 系列空气阻尼式时间继电器的结构

1—线圈；2—铁芯；3—衔铁；4—反力弹簧；5—推板；6—活塞杆；7—塔形弹簧；8—弱弹簧；
9—橡皮膜；10—空气室壁；11—调节螺钉；12—进气孔；13—活塞；14、16—微动开关；15—杠杆；17—推杆

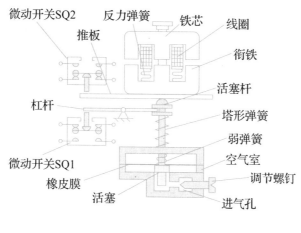

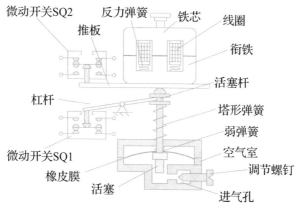

图 3-1-4　通电延时型时间继电器的工作原理

2）断电延时型时间继电器的工作原理。

当线圈通电时，微动开关 SQ3 和 SQ4 的触头均瞬时动作。

当线圈断电时，微动开关 SQ4 的触头瞬时复位，而 SQ3 的触头由于气囊中空气阻尼的作用延时动作，其延时的长短取决于进气的快慢，可通过调节螺钉进行调节。

区别：两者的衔铁和铁芯位置对调。

断电延时型时间继电器的工作原理如图 3-1-5 所示。

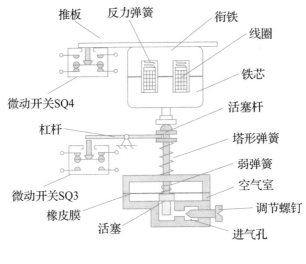

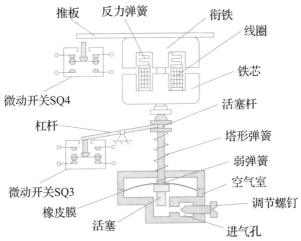

图 3-1-5　断电延时型时间继电器的工作原理

（4）图形符号及文字符号。

通电延时型时间继电器的图形符号及文字符号如图 3-1-6 所示，断电延时型时间继电器的图形符号及文字符号如图 3-1-7 所示。

图 3 - 1 - 6 通电延时型时间继电器的图形符号及文字符号

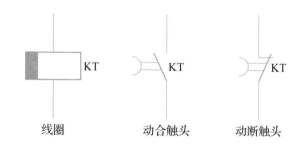

图 3 - 1 - 7 断电延时型时间继电器的图形符号及文字符号

（5）时间继电器的检测。

时间继电器的结构检测记录填入表 3 - 1 - 1。时间继电器的触头检测记录填入表 3 - 1 - 2。

表 3 - 1 - 1 时间继电器的结构检测记录

型号	线圈额定电压	主要零部件	
		名称	作用
常开触头数（副）	常闭触头数（副）		
延时触头数（副）	瞬时触头数（副）		
延时分断触头数（副）	延时闭合触头数（副）		

表 3 - 1 - 2 时间继电器的触头检测记录

型号	电阻值			
	延时触头		瞬时触头	
	常开触头	常闭触头	常开触头	常闭触头
初始状态				
按住衔铁				
按住衔铁 3s 后				

2. 定子绕组串接电阻降压启动控制

定子绕组串接电阻降压启动：在电动机启动时，把电阻串接在电动机定子绕组与电源之间，通过电阻的分压作用来降低定子绕组上的启动电压。待电动机启动后，再将电阻短接，使电动机在额定电压下正常运行。定子串电阻启动原理图如图 3-1-8 所示。

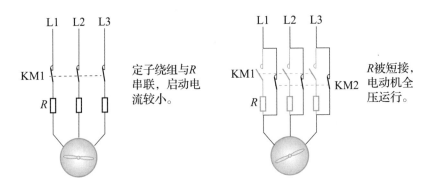

图 3-1-8　定子串电阻启动原理图

（1）电气原理图。

时间继电器自动控制降压启动的电气原理图如图 3-1-9 所示。

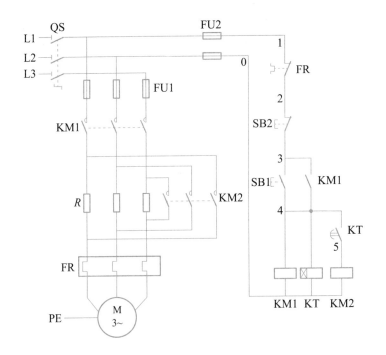

图 3-1-9　电气原理图

（2）工作原理。

停止时，按下 SB2 即可实现。

串电阻降压启动的缺点：减小了电动机的启动转矩，启动时电阻的功率消耗较大。

 任务实施

在实训设备上，按照控制要求完成元器件测试、安装与硬件接线（图3-1-10），检查电路并进行故障排除。在明确实训任务的基础上，分析三相异步电动机定子绕组串接电阻降压启动控制电路的电气原理图（3-1-11）。

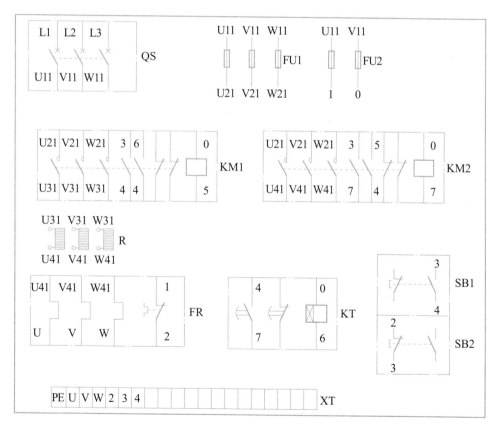

图 3-1-10　安装接线图

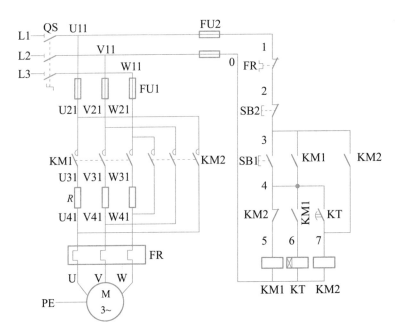

图 3-1-11　电气原理图

1. 安装

（1）布线。

一般从电源端开始按线号顺序接线，先接主电路，后接控制电路。选择适当的导线截面，截取合适长度，剥去两端绝缘外皮。

按照安装接线图进行板前明线布线，工艺要求如下：

1）布线通道尽可能少，同路并行导线按主电路、控制电路分类集中，单层密排，紧贴安装面布线。

2）同一平面的导线应高低一致或前后一致，走线合理，不能交叉或架空。

3）对螺栓式接线端子，导线连接时应打钩圈，并按顺时针旋转；对瓦片式接线端子，导线连接时直线插入接线端子固定即可。导线连接不能压绝缘层，也不能露铜过长。

4）布线应横平竖直，分布均匀，变换走向时应垂直。

5）布线时严禁损伤线芯和导线绝缘层。

6）所有从一个接线端子（或接线桩）到另一个接线端子的导线必须完整，中间无接头。

7）一个元器件接线端子上的连接导线不得多于两根，每节接线端子板上的连接导线一般只允许连接一根。

8）进出线应合理汇集在端子板上。

（2）检查布线。

根据安装接线图检查控制板布线是否正确。

（3）安装电动机。

根据安装接线图安装电动机。

（4）安装接线注意事项。

1）按钮内部接线时，用力不可过猛，以防螺钉打滑。

2）按钮内部的接线不要接错，启动按钮必须接动合（常开）触头。

3）接触器的自锁触头应并接在启动按钮的两端；停止按钮应串接在控制电路中。

4）热继电器的热元件应串接在主电路中，其动断（常闭）触头应串接在控制电路中，两者缺一不可，否则不能起到过载保护的作用。

5）电动机外壳必须可靠接 PE（保护接地）线。

2. 自检和电路测试

安装完毕的控制电路板，必须认真检查后才允许通电试车，以防止错接、漏接造成不能正常运转的情况或引发短路事故。

（1）按电路图或接线图从电源端开始，逐段核对接线及接线端子处线号是否正确，有无漏接、错接之处，检查导线接点是否符合要求，压接是否牢固。确保接触良好。

（2）用万用表检查电路的通断情况。

1）不通电测试。

主电路检查（可断开控制电路）：压下接触器的衔铁来代替接触器得电吸合时的情况进行检查，依次测量从电源端（L1、L2、L3）到电动机出线端子（U、V、W）上的每一相电路的电阻值，检查是否存在开路现象。

控制电路检查（可断开主电路）：将万用表表笔分别搭在 FU2 的进线端上，此时读数应为"∞"。按下启动按钮 SB1 时，读数应为接触器 KM1 线圈的电阻值；压下接触器 KM1 的衔铁，读数应为接触器 KM1 和时间继电器 KT 线圈的并联电阻值；压下接触器 KM2 的衔铁，读数应为接触器 KM2 线圈的电阻值。时间继电器控制串联电阻降压启动控制电路的不通电测试记录填入表 3-1-3。

表 3-1-3　时间继电器控制串联电阻降压启动控制电路的不通电测试记录

操作步骤	主电路						控制电路（U11-V11）		
	压住 KM1 衔铁			压住 KM2 衔铁			按下 SB1	压住 KM1 衔铁	压住 KM2 衔铁
电阻值	L1-U	L2-V	L3-W	L1-U	L2-V	L3-W			

2）通电测试。

操作相应按钮，观察电器动作情况。

合上断路器 QS，引入三相电源，按下启动按钮 SB1，接触器 KM1 的线圈通电，衔铁吸合，接触器 KM1 的主触头闭合，电动机接入电阻降压启动运转。KM1 常开触头闭合，时间继电器线圈 KT 得电，延时时间到了之后，KM2 线圈得电，KM2 主触头闭合，将电阻 R 短接，KM1 线圈失电，使电动机由降压启动过渡到全压运行。时间继电器控制串联电阻降压启动控制电路的通电测试记录填入表 3-1-4。

表 3-1-4　时间继电器控制串联电阻降压启动控制电路的通电测试记录

操作步骤	合上 QS	按下 SB1	KT 延时时间到	按下 SB2
电动机动作或接触器、继电器吸合情况				

 技能检测

一、填空题

1. 时间继电器分（　　　）延时时间继电器和（　　　）延时时间继电器两种。

2. 三相笼型异步电动机降压启动常用的方法有（　　）（　　）（　　）（　　）4 种。

二、选择题

1. 时间继电器的主要作用是（　　　）。

A. 调速　　　　　　　　　　　　B. 速度计量

C. 反接制动　　　　　　　　　　D. 实现电路的延时接通或断开

2. 对于 JS7-A 系列时间继电器，从结构上说，只要改变（　　　）的安装方向便可获得两种不同的延时方式。

A. 触点系统　　　　B. 电磁机构　　　　C. 气室

三、简答题

什么是三相异步电动机的降压启动？有哪些方法？

任务评价					

任务名称：			学生姓名：		

考核项目	考核要求	评分标准	配分	评估	
				实测记录	结果分值
1. 安装前检查	正确检测元件，确保良好	电器元件错检或漏检扣5分	5		
2. 元件安装	1. 按照接线图布置元件 2. 正确固定元件	元件布置不整齐、不匀称、不合理，安装不紧固，漏装螺钉，损坏元件，扣5分	5		
3. 布线	1. 按图施工 2. 合理布线 3. 规范走线，做到横平竖直、无交叉 4. 规范接线，确保无线头松动、反圈、压皮、露铜过长及绝缘层损伤的情况 5. 正确编号	1. 不按电路图接线扣20分 2. 布线不合理、不美观，每根扣3分 3. 走线不横平竖直，每根扣3分 4. 接点松动、露铜过长、压绝缘层、反圈等，每处扣3分 5. 损伤导线绝缘层或线芯扣5分 6. 漏套或错套编码套管扣2分	50		
4. 通电试车	按照要求和步骤正确调试电路	1. 第一次试车不成功扣10分 2. 第二次试车不成功扣20分 3. 第三次试车不成功扣30分	30		
5. 工具使用	正确使用工具	损坏或错误使用扣5分	5		
6. 安全生产	注意安全，遵守操作规程	漏接接地线扣5分	5		
7. 时间	按规定时间操作	每超时10分钟扣5分，超出30分钟总评按不及格计			

总计：

说明：

安全文明操作；工具、仪器、仪表摆放有序；工作结束后能按要求整理及打扫环境卫生；若出现安全事故，总评按不及格计。

任务总结与反思				
班级：	姓名：	学号：	分组号：	用时：

任务名称：

评价项目	评价内容	评价效果			
		非常满意	满意	基本满意	不满意
方法能力	我能够合理安排自己的日常学习生活（按时起床，着装得体，准时到达教学活动场所）				
	我能够对所学知识标记重点并说出关键词				
	我能够在有计划的前提下开始实操训练，并主动记录项目实施的心得体会				
社会能力	我能够与同学友好交往				
	我能够主动参与小组工作任务并真诚表达自己的观点				
	我能够真实地反馈自己的工作结果，并能主动向他人寻求必要的帮助				
专业能力	我能够看懂电气原理图、安装接线图并掌握相关知识				
	我能够正确使用电工工具和仪器、仪表				
	我清楚各操作环节的安全注意事项				

三相异步电动机自耦变压器降压启动控制电路的设计、安装与调试

知识目标

● 熟悉中间继电器的结构、工作原理及使用方法。
● 掌握三相异步电动机自耦变压器降压启动控制电路的构成和工作原理。

技能目标

● 能够绘制三相异步电动机自耦变压器降压启动控制电路的电气安装接线图。
● 能够根据电气原理图和安装接线图完成三相异步电动机自耦变压器降压启动控制电路的安装及电气控制电路的调试。

实训任务

在实训设备上，根据电气原理图和安装接线图完成三相异步电动机自耦变压器降压启动控制电路的安装及调试。

具体流程如下：

（1）按照电气原理图绘制安装接线图。

（2）向小组成员及授课教师展示结果并确定正确与否。

（3）根据绘制好的安装接线图进行装接。

（4）自检、交验、通电试车并进行自我评估。

任务准备

（1）按照要求穿着工装进入实训室。

（2）领取实训所需的电工工具、仪器、仪表。

（3）识读三相异步电动机自耦变压器降压启动控制电路电气原理图。

（4）配齐所需元器件并进行安装前检查。

（5）按照安装接线图要求，进行元器件安装、接线及电气控制电路的调试。

 知识学习

1. 中间继电器

中间继电器可将一个输入信号变成多个输出信号或将信号放大（即增大触头容量）。其实质为电压继电器，但它的触头数量较多（可达 8 对），触头容量较大，动作灵敏。

（1）型号的含义。

中间继电器型号的含义如图 3 - 2 - 1 所示。

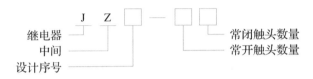

图 3 - 2 - 1　中间继电器型号的含义

（2）结构及工作原理。

中间继电器的结构及工作原理与接触器基本相同，因而中间继电器又称为接触器式继电器。但中间继电器的触头对数多，且没有主辅之分，各对触头允许通过的电流大小相同，多数为 5A。因此，对于工作电流小于 5A 的电气控制电路，可用中间继电器代替接触器实施控制。

常用的中间继电器有 JZ7、JZ14 等系列，均为交流中间继电器，如图 3 - 2 - 2 所示。

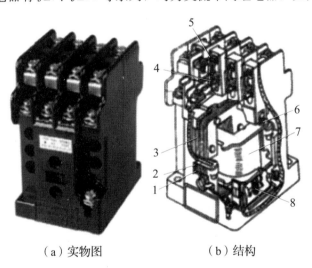

（a）实物图　　　　　（b）结构

图 3 - 2 - 2　交流中间继电器

1—静铁芯；2—短路环；3—衔铁；4—常开触头；5—常闭触头；6—反作用弹簧；7—线圈；8—缓冲弹簧

（3）图形符号及文字符号。

中间继电器的图形符号及文字符号如图 3 - 2 - 3 所示。

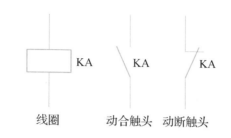

图 3 - 2 - 3　中间继电器的图形符号及文字符号

（4）触头接线。

中间继电器的触头接线图如图 3 - 2 - 4 所示。

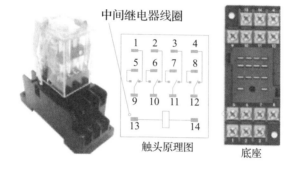

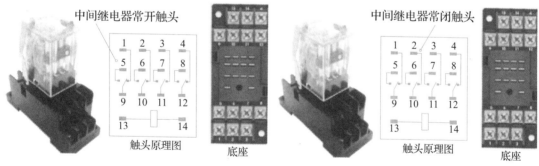

图 3 - 2 - 4　中间继电器的触头接线图

2. 手动控制自耦变压器（补偿器）降压启动电路

自耦变压器降压启动：电动机启动时利用自耦变压器来降低加在电动机定子绕组上的启动电压。待电动机启动后，再使电动机与自耦变压器脱离，从而在全电压下正常运行。自耦变压器降压启动原理图如图 3 - 2 - 5 所示。

QJ3 系列手动控制补偿器组成：油箱、自耦变压器、保护装置、触头系统和手柄操纵机构。QJ3 系列手动控制补偿器的结构及电气原理图如图 3 - 2 - 6 所示。

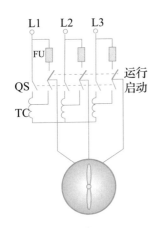 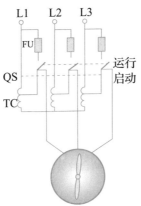 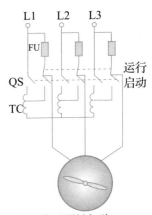

TC原边：接电源
TC副边：与定子绕组串接
定子绕组端电压＜电源电压
电动机减压启动，启动电流减小

自耦变压器被切除
定子绕组端电压＝电源电压
电动机全电压运行

图 3 - 2 - 5　自耦变压器降压启动原理图

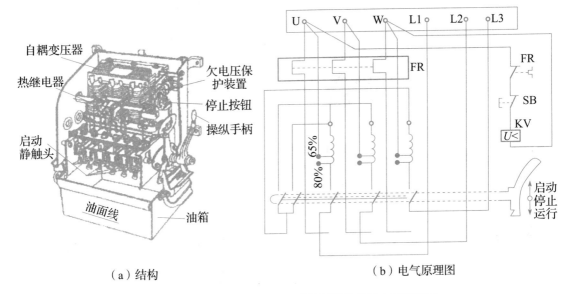

（a）结构　　　　　　　　　　（b）电气原理图

图 3 - 2 - 6　QJ3 系列手动控制补偿器的结构及电气原理图

QJ3 系列手动控制补偿器的动作原理：当手柄扳到"停止"位置时，装在主轴上的动触头与两排静触头都不接触，电动机处于断电停止状态。

当手柄向前推到"启动"位置时，动触头与上面的一排启动静触头接触，三相电源 L1、L2、L3 通过右边 3 个动、静触头接入自耦变压器，又经自耦变压器的 2 个 65%（或 80%）抽头接入电动机进行降压启动；左边两个动、静触头接触将自耦变压器接成了 Y 形。

当电动机的转速上升到一定值时，将手柄向后迅速扳到"运行"位置，使右边 3 个动触头与下面一排的 3 个运行静触头接触，这时，自耦变压器脱离，电动机与三相电源 L1、L2、L3 直接相接全电压运行。

停止时，只要按下停止按钮 SB，欠电压脱扣器 KV 线圈失电，衔铁下落释放，通过机械操作机构使补偿器掉闸，手柄便自动回到"停止"位置，电动机断电停转。

3. 按钮、接触器、中间继电器控制的补偿器降压启动电路

按钮、接触器、中间继电器控制的补偿器降压启动电路图如图 3 - 2 - 7 所示。

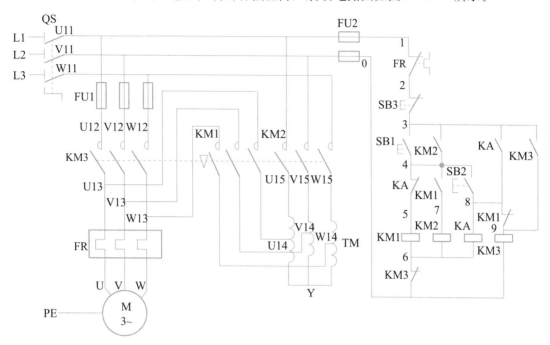

图 3 - 2 - 7　按钮、接触器、中间继电器控制的补偿器降压启动电路图

工作原理如下：

（1）降压启动。

（2）全电压运转。

当电动机转速上升到接近额定转速时，

停止时，按下 SB3 即可。

由于接触器 KM1 的常开触头与 KM2 线圈串联，所以当降压启动完毕后，接触器 KM1、KM2 均失电，即使接触器 KM3 出现故障使触头无法闭合时，也不会使电动机在低压下运行。

优点：启动时若操作者误按 SB2，接触器 KM3 线圈也不会得电，避免电动机全电压启动。

缺点：从降压启动到全电压运转，需按两次按钮，操作不便，且间隔时间也不能准确掌握。

4. 时间继电器自动控制补偿器降压启动电路

XJ01 系列自动控制补偿器是由自耦变压器、交流接触器、中间继电器、热继电器、时间继电器和按钮等电器元件组成的。

时间继电器自动控制补偿器降压启动电路图如图 3-2-8 所示。

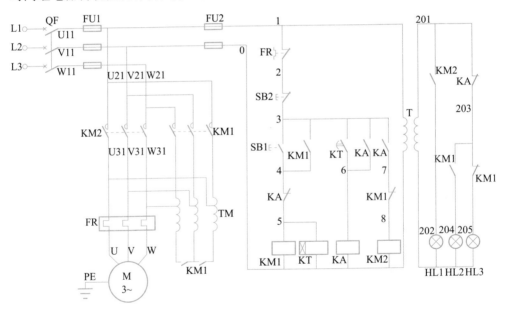

图 3-2-8　时间继电器自动控制补偿器降压启动电路图

优点：启动转矩和启动电流可以调节。

缺点：设备庞大，成本较高。因此，这种方法适用于额定电压为 220/380V、接法为△/Y 形且容量较大的三相异步电动机的降压启动。

任务实施

在实训设备上，按照控制要求完成元器件测试、安装与硬件接线（图 3-2-9），检查电路并进行故障排除。在明确实训任务的基础上，分析三相异步电动机自耦变压器降压启动控制电路的电气原理图（图 3-2-10）。

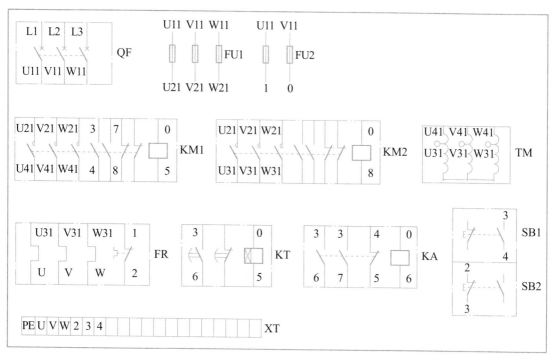

图 3-2-9 安装接线图

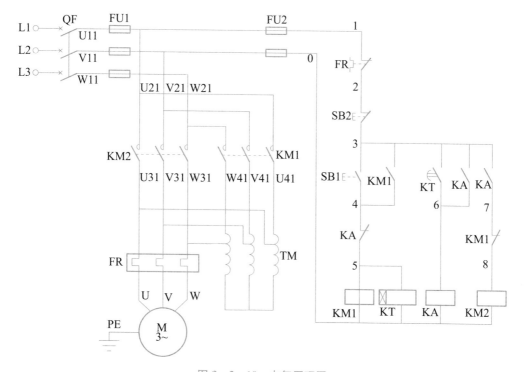

图 3-2-10 电气原理图

1. 安装

（1）布线。

一般从电源端开始按线号顺序接线，先接主电路，后接控制电路。选择适当的导线截面，截取合适长度，剥去两端绝缘外皮。

按照安装接线图进行板前明线布线，工艺要求如下：

1）布线通道尽可能少，同路并行导线按主电路、控制电路分类集中，单层密排，紧贴安装面布线。

2）同一平面的导线应高低一致或前后一致，走线合理，不能交叉或架空。

3）对螺栓式接线端子，导线连接时应打钩圈，并按顺时针旋转；对瓦片式接线端子，导线连接时直线插入接线端子固定即可。导线连接不能压绝缘层，也不能露铜过长。

4）布线应横平竖直，分布均匀，变换走向时应垂直。

5）布线时严禁损伤线芯和导线绝缘层。

6）所有从一个接线端子（或接线桩）到另一个接线端子的导线必须完整，中间无接头。

7）一个元器件接线端子上的连接导线不得多于两根，每节接线端子板上的连接导线一般只允许连接一根。

8）进出线应合理汇集在端子板上。

（2）检查布线。

根据安装接线图检查控制板布线是否正确。

（3）安装电动机。

根据安装接线图安装电动机。

（4）安装接线注意事项。

1）按钮内部接线时，用力不可过猛，以防螺钉打滑。

2）按钮内部的接线不要接错，启动按钮必须接动合（常开）触头。

3）接触器的自锁触头应并接在启动按钮的两端；停止按钮应串接在控制电路中。

4）热继电器的热元件应串接在主电路中，其动断（常闭）触头应串接在控制电路中，两者缺一不可，否则不能起到过载保护的作用。

5）电动机外壳必须可靠接 PE（保护接地）线。

2. 自检和电路测试

安装完毕的控制电路板，必须认真检查后才允许通电试车，以防止错接、漏接造成不能正常运转的情况或引发短路事故。

（1）按电路图或接线图从电源端开始，逐段核对接线及接线端子处线号是否正确，有无漏接、错接之处，检查导线接点是否符合要求，压接是否牢固。确保接触良好。

（2）用万用表检查电路的通断情况。

1）不通电测试。

主电路检查（可断开控制电路）：压下接触器的衔铁来代替接触器得电吸合时的情况进行检查，依次测量从电源端（L1、L2、L3）到电动机出线端子（U、V、W）上的每一相电路的电阻值，检查是否存在开路现象。

控制电路检查（可断开主电路）：将万用表表笔分别搭在 FU2 的进线端上，此时读数应为"∞"。按下启动按钮 SB1 时，读数应为接触器 KM1 和 KT 线圈的并联电阻值；压下接触器 KM1 的衔铁，读数应为接触器 KM1 和 KT 线圈的并联电阻值；压住时间继电器 KT 衔铁不松手，读数应为 KA 线圈电阻值；压住 KA 衔铁，读数应为 KA 和接触器 KM2 的并联电阻值。三相笼型异步电动机自耦变压器降压启动控制电路的不通电测试记录填入表 3-2-1。

表 3-2-1　三相笼型异步电动机自耦变压器降压启动控制电路的不通电测试记录

项目	主电路						控制电路			
操作步骤	压住 KM1 衔铁			压住 KM2 衔铁			按下 SB2	压住 KM1 衔铁	压住 KT 衔铁	压住 KA 衔铁
电阻值	L1-U	L2-V	L3-W	L1-U	L2-V	L3-W				

2）通电测试。

操作相应按钮，观察电器动作情况。

合上断路器 QF，引入三相电源，按下启动按钮 SB1，接触器 KM1 的线圈通电，衔铁吸合，接触器 KM1 的主触头闭合，电动机接入自耦变压器降压启动运转；同时，时间继电器 KT 线圈获电，时间继电器 KT 延时时间到，中间继电器 KA 获电并自锁，KA 常开触头闭合使接触器 KM2 线圈获电，接触器 KM2 主触头闭合，接触器 KM1 线圈失电，电动机全电压运行；按下按钮 SB2，电动机断电停止运转。三相笼型异步电动机自耦变压器降压启动控制电路的通电测试记录填入表 3-2-2。

表 3-2-2　三相笼型异步电动机自耦变压器降压启动控制电路的通电测试记录

操作步骤	合上 QF	按下 SB1	KT 延时时间到	按下 SB2
电动机动作或接触器、继电器吸合情况				

技能检测

一、填空题

1. 中间继电器每对触头允许流过的电流大小相等，为(   )A。

2. 中间继电器与接触器的不同之处是触头（对数较多），并且没有(   )(   )之分，各对触头允许通过的额定电流为(   )A。

二、判断题

(   )1. 中间继电器的输入信号为触头系统的通电和断电。

(   )2. 自耦变压器降压启动适用于频繁启动的场合。

任务评价					
任务名称：			学生姓名：		
考核项目	考核要求	评分标准	配分	评估	
				实测记录	结果分值
1. 安装前检查	正确检测元件，确保良好	电器元件错检或漏检扣 5 分	5		
2. 元件安装	1. 按照接线图布置元件 2. 正确固定元件	元件布置不整齐、不匀称、不合理，安装不紧固，漏装螺钉，损坏元件，扣 5 分	5		
3. 布线	1. 按图施工 2. 合理布线 3. 规范走线，做到横平竖直、无交叉 4. 规范接线，确保无线头松动、反圈、压皮、露铜过长及绝缘层损伤的情况 5. 正确编号	1. 不按电路图接线扣 20 分 2. 布线不合理、不美观，每根扣 3 分 3. 走线不横平竖直，每根扣 3 分 4. 接点松动、露铜过长、压绝缘层、反圈等，每处扣 3 分 5. 损伤导线绝缘层或线芯扣 5 分 6. 漏套或错套编码套管扣 2 分	50		
4. 通电试车	按照要求和步骤正确调试电路	1. 第一次试车不成功扣 10 分 2. 第二次试车不成功扣 20 分 3. 第三次试车不成功扣 30 分	30		
5. 工具使用	正确使用工具	损坏或错误使用扣 5 分	5		
6. 安全生产	注意安全，遵守操作规程	漏接接地线扣 5 分	5		
7. 时间	按规定时间操作	每超时 10 分钟扣 5 分，超出 30 分钟总评按不及格计			
总计：					

说明：

安全文明操作；工具、仪器、仪表摆放有序；工作结束后能按要求整理及打扫环境卫生；若出现安全事故，总评按不及格计。

任务总结与反思					
班级：	姓名：	学号：	分组号：	用时：	

任务名称：

评价项目	评价内容	评价效果			
		非常满意	满意	基本满意	不满意
方法能力	我能够合理安排自己的日常学习生活（按时起床，着装得体，准时到达教学活动场所）				
	我能够对所学知识标记重点并说出关键词				
	我能够在有计划的前提下开始实操训练，并主动记录项目实施的心得体会				
社会能力	我能够与同学友好交往				
	我能够主动参与小组工作任务并真诚表达自己的观点				
	我能够真实地反馈自己的工作结果，并能主动向他人寻求必要的帮助				
专业能力	我能够看懂电气原理图、安装接线图并掌握相关知识				
	我能够正确使用电工工具和仪器、仪表				
	我清楚各操作环节的安全注意事项				

三相异步电动机 Y-△降压启动控制电路的设计、安装与调试

知识目标

- 了解三相异步电动机 Y-△降压启动控制电路的应用。
- 掌握三相异步电动机 Y-△降压启动控制电路的构成和工作原理。

技能目标

- 能够绘制三相异步电动机 Y-△降压启动控制电路的电气安装接线图。
- 能够根据电气原理图和安装接线图完成三相异步电动机 Y-△降压启动控制电路的安装及电气控制电路的调试。

实训任务

在实训设备上，根据电气原理图和安装接线图完成三相异步电动机 Y-△降压启动控制电路的安装及调试。

具体流程如下：

（1）按照电气原理图绘制安装接线图。

（2）向小组成员及授课教师展示结果并确定正确与否。

（3）根据绘制好的安装接线图进行装接。

（4）自检、交验、通电试车并进行自我评估。

任务准备

（1）按照要求穿着工装进入实训室。

（2）领取实训所需的电工工具、仪器、仪表。

（3）识读三相异步电动机 Y-△降压启动控制电路的电气原理图。

（4）配齐所需元器件并进行安装前检查。

（5）按照安装接线图要求，进行元器件安装、接线及电气控制电路的调试。

 知识学习

Y-△降压启动：电动机启动时，把定子绕组接成 Y 形，以降低启动电压，限制启动电流。待电动机启动后，再把定子绕组改接成△形，使电动机全压运行。

Y 形联结和△形联结的原理图如图 3-3-1 所示，Y-△降压启动原理图如图 3-3-2 所示。

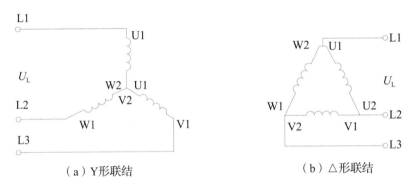

（a）Y形联结　　　　　　　　　　　　（b）△形联结

图 3-3-1　Y 形联结和△形联结的原理图

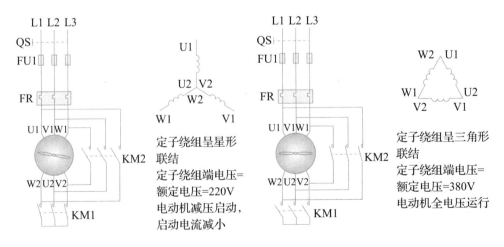

图 3-3-2　Y-△降压启动原理图

凡是在正常运行时定子绕组作△形联结的异步电动机，均可采用这种降压启动的方法。

1. 按钮、接触器控制 Y-△降压启动电路

我国规定的电网供电电压为 380V。电动机启动时若接成 Y 形，加在每相定子绕组上的启动电压只有△形联结时的 $1/\sqrt{3}$，即 220V，启动电流和启动转矩也均为△联结时的 1/3。所以说降压启动的方法只适用于轻载或空载下启动。

笼型异步电动机正常运行时定子绕组应作△形联结，在启动时接成 Y 形，则启动电压将从 380V 降到 220V，从而减小了启动电流；待转速上升后，再改接成 Y 形联结，投入正常运行，这是一种最常用的降压启动法。

用按钮、接触器控制的 Y-△降压启动电路如图 3-3-3 所示。该电路使用了 3 个接触器、1 个热继电器和 3 个按钮。当 KM 主触头接通时，接入三相交流电源；当 KMY 主触头接通时，电动机定子绕组接成 Y 形；当 KM△主触头接通时，电动机定子绕组接成△形。SB1 是启动按钮，SB2 是 Y-△换接按钮，SB3 是停止按钮，FU1 作为主电路的短路保护，FU2 作为控制电路的短路保护，FR 作为过载保护。

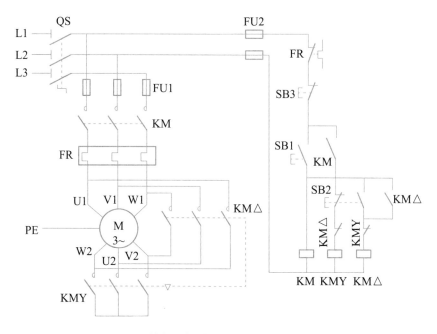

图 3-3-3　按钮、接触器控制的 Y-△降压启动电路

电路要求接触器 KMY 和 KM△线圈不能同时通电，否则它们的主触头同时闭合，将造成主电路电源短路。为此，在 KMY 和 KM△线圈各自的支路中串接了对方的一对动断（常闭）辅助触头，以保证 KMY 和 KM△线圈不会同时通电。KMY 和 KM△这两对辅助动断（常闭）触头在电路中所起的作用称为电气互锁。

（1）电动机 Y 形联结降压启动。

（2）电动机△形联结全压运行：当电动机转速上升并接近额定值时，

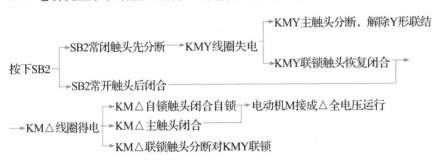

停止时按下按钮 SB3 即可实现。

2. 时间继电器自动控制的 Y－△降压启动电路

（1）电路组成。

时间继电器自动控制的 Y-△降压启动电路如图 3-3-4 所示，该电路由 3 个接触器、1 个热继电器、1 个时间继电器和 2 个按钮组成，时间继电器 KT 用作控制 Y 形降压启动时间和完成 Y-△自动切换。时间继电器自动控制的 Y-△降压启动电路的组成及各元件的功能见表 3-3-1。

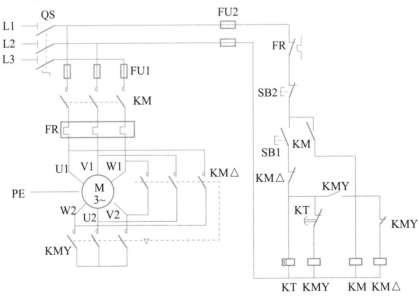

图 3-3-4　时间继电器自动控制的 Y-△降压启动电路

表 3 - 3 - 1　时间继电器自动控制的 Y-△ 降压启动电路的组成及各元件的功能

序号	电路名称	电路组成	元件功能	备注
1	电源电路	QS	电源开关	
2	主电路	FU1	熔断器，主电路的短路保护	KMY 和 KM△ 联锁
3		KM 主触头	用于引入电源	
4		KMY 主触头	Y 形联结	
5		KM△ 主触头	△ 形联结	
6		FR 热元件	与常闭触头配合，用于过载保护	
7		M	电动机	
8	控制电路	FU2	熔断器，控制电路的短路保护	KMY 和 KM△ 联锁
9		FR 常闭触头	过载保护	
10		SB2	停止按钮	
11		SB1	启动按钮	
12		KM△ 辅助常闭触头	联锁保护	
13		KT 线圈	计时，延时动作触头	
14		KT 常闭触头	延时断开 Y 形联结	
15		KMY 线圈	控制 KMY 的吸合与释放	
16		KMY 辅助常开触头	顺序控制 KM	
17		KM 线圈	控制 KM 的吸合与释放	
18		KM 辅助常开触头	KM 自锁触头	
19		KMY 辅助常闭触头	联锁保护	
20		KM△ 线圈	控制 KM△ 的吸合与释放	

（2）工作原理。

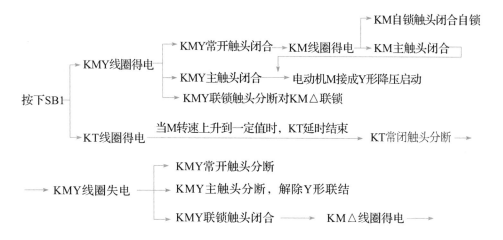

停止时按下按钮 SB2 即可。

3. Y-△自动启动器

QX4 系列 Y-△自动启动器的电路如图 3-3-5 所示。该启动器主要由 3 个接触器（KM1、KM2、KM3）、1 个热继电器 FR、1 个通电延时型时间继电器 KT 和按钮等组成。时间继电器自动控制 Y-△降压启动电路的定型产品有 QX3、QX4 两个系列，称之为 Y-△自动启动器。

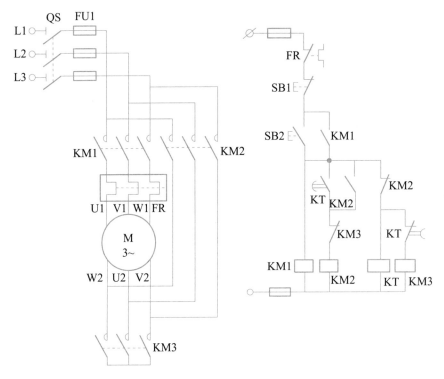

图 3-3-5　QX4 系列 Y-△自动启动器的电路

 任务实施

在实训设备上，按照控制要求完成元器件测试、安装与硬件接线，检查电路并进行故障排除。在明确实训任务的基础上分析三相异步电动机 Y-△降压启动控制电路的电气原理图。

1. 按钮、接触器控制的 Y-△降压启动电路

按钮、接触器控制的 Y-△降压启动电路的电气原理图如图 3-3-6 所示，安装接线图如图 3-3-7 所示。

（1）安装。

1）布线。

一般从电源端开始按线号顺序接线，先接主电路，后接控制电路。选择适当的导线截面，截取合适长度，剥去两端绝缘外皮。

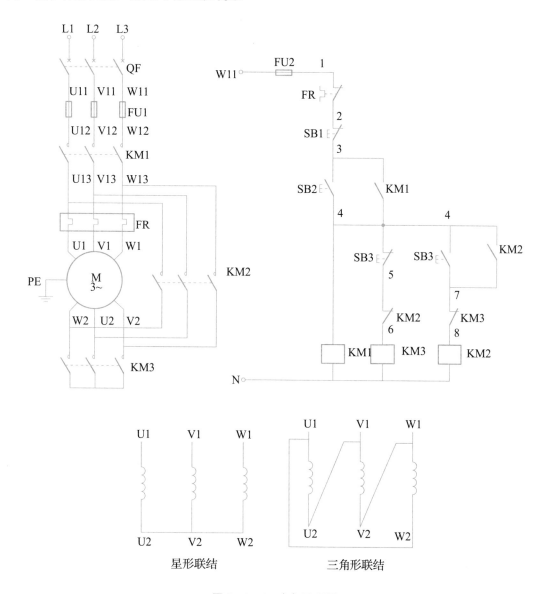

图 3-3-6　电气原理图

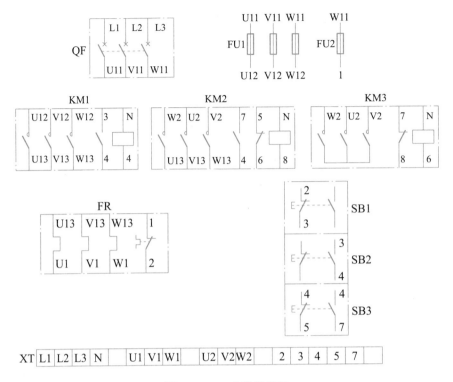

图 3-3-7　安装接线图

按照安装接线图进行板前明线布线，工艺要求如下：

①布线通道尽可能少，同路并行导线按主电路、控制电路分类集中，单层密排，紧贴安装面布线。

②同一平面的导线应高低一致或前后一致，走线合理，不能交叉或架空。

③对螺栓式接线端子，导线连接时应打钩圈，并按顺时针旋转；对瓦片式接线端子，导线连接时直线插入接线端子固定即可。导线连接不能压绝缘层，也不能露铜过长。

④布线应横平竖直，分布均匀，变换走向时应垂直。

⑤布线时严禁损伤线芯和导线绝缘层。

⑥所有从一个接线端子（或接线桩）到另一个接线端子的导线必须完整，中间无接头。

⑦一个元器件接线端子上的连接导线不得多于两根，每节接线端子板上的连接导线一般只允许连接一根。

⑧进出线应合理汇集在端子板上。

2）检查布线。

根据安装接线图检查控制板布线是否正确。

3）安装电动机。

根据安装接线图安装电动机。

4) 安装接线注意事项。

①按钮内部的接线不要接错，启动按钮必须接动合（常开）触头。注意 SB3 要接成复合按钮的形式。

②用 Y-△降压启动的电动机，必须有 6 个出线端子（即要拆开接线盒内的连接片），并且定子绕组在△形联结时的额定电压应该等于 380V。

③接线时要保证电动机△形联结的正确性，即接触器 KM2 主触头闭合时，应保证定子绕组的 U1 与 W2、V1 与 U2、W1 与 V2 相连接。

④接触器 KM3 的进线必须从三相定子绕组的末端引入，若误将其从首端引入，则在 KM3 吸合时会产生三相电源短路事故。

⑤电动机外壳必须可靠接 PE（保护接地）线。

（2）自检和电路测试。

安装完毕的控制电路板，必须认真检查后才允许通电试车，以防止错接、漏接造成不能正常运转的情况或引发短路事故。

1) 按电路图或接线图从电源端开始，逐段核对接线及接线端子处线号是否正确，有无漏接、错接之处，检查导线接点是否符合要求，压接是否牢固。确保接触良好。

2) 用万用表检查电路的通断情况。

①不通电测试。

主电路检查（可断开控制电路）：用手压下接触器 KM1 的衔铁来代替接触器得电吸合时的情况，依次测量从电源端到电动机出线端子上的每一相电路的电阻值，检查是否存在开路现象；压下接触器 KM2 的衔铁来代替接触器得电吸合时的情况，依次测量 U1-W2、V1-U2、W1-V2 端子上的每一相电路的电阻值，检查是否存在开路现象；压下接触器 KM3 的衔铁来代替接触器得电吸合时的情况，依次测量 U2-V2、V2-W2、W2-U2 端子上的每一相电路的电阻值，检查是否存在开路现象。

控制电路检查（可断开主电路）：将万用表表笔分别搭在 FU2 的进线端和零线上（W11 和 N），此时读数应为"∞"。按下启动按钮 SB2，读数应为接触器 KM1 和 KM3 线圈电阻的并联值；压下 KM1 的衔铁，使 KM1 动合（常开）触头闭合，读数也应为接触器 KM1 和 KM3 线圈电阻的并联值。同时按下按钮 SB2 和 SB3，或者同时压下 KM1 和 KM2 的衔铁，万用表读数应为 KM1 和 KM2 线圈电阻的并联值。按钮切换的 Y-△降压启动电路的不通电测试记录填入表 3-3-2。

表 3-3-2　按钮切换的 Y-△降压启动电路的不通电测试记录

项目	主电路									控制电路（W11-N）			
操作步骤	压住 KM1 衔铁			压住 KM2 衔铁			压住 KM3 衔铁			按下 SB2	按下 SB2 SB3	压住 KM1 衔铁	压住 KM2 衔铁
电阻值	L1-U1	L2-V1	L3-W1	U1-W2	V1-U2	W1-V2	U2-V2	V2-W2	W2-U2				

②通电测试。

操作相应按钮，观察电器动作情况。

合上断路器 QF，引入三相电源，按下按钮 SB2，接触器 KM1 和 KM3 线圈得电吸合并自锁，电动机降压启动；再按下按钮 SB3，KM3 线圈断电释放，KM2 线圈得电吸合自锁，电动机全电压运行；按下停止按钮 SB1，KM1 和 KM2 线圈断电释放，电动机停止工作。按钮切换的 Y-△降压启动电路的通电测试记录填入表 3-3-3。

表 3-3-3　按钮切换的 Y-△降压启动电路的通电测试记录

操作步骤	合上 QF	按下 SB2	按下 SB3	按下 SB1	再次按下 SB2
电动机动作或接触器吸合情况					

2. 时间继电器自动控制的 Y-△降压启动电路

时间继电器自动控制的 Y-△降压启动电路的电气原理图如图 3-3-8 所示，安装接线图如图 3-3-9 所示。

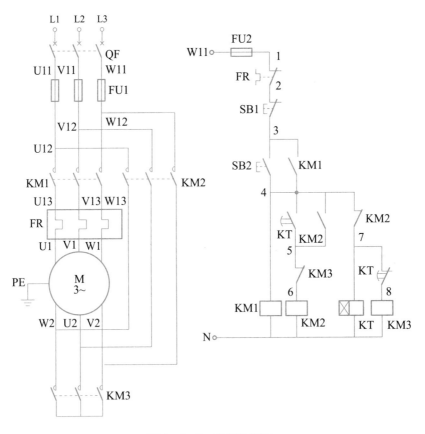

图 3-3-8　电气原理图

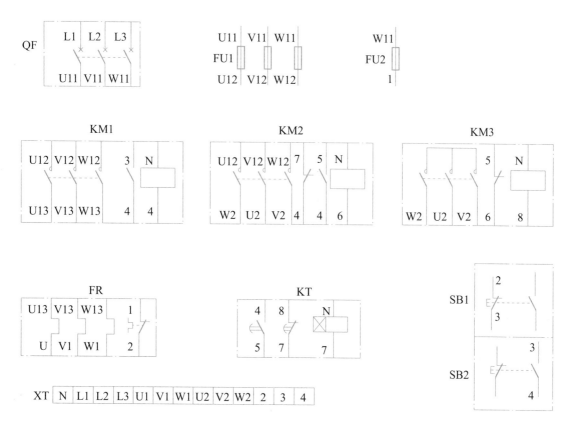

图 3-3-9　安装接线图

此电路的安装、布线及注意事项与按钮、接触器控制的 Y-△降压启动电路相同，不再赘述。

安装完毕的控制电路板，必须认真检查后才允许通电试车，以防止错接、漏接造成不能正常运转的情况或引发短路事故。

（1）按电路图或接线图从电源端开始，逐段核对接线及接线端子处线号是否正确，有无漏接、错接之处，检查导线接点是否符合要求，压接是否牢固。确保接触良好。

（2）用万用表检查电路的通断情况。

1）不通电测试。

主电路检查（可断开控制电路）：压下接触器 KM1 的衔铁来代替接触器得电吸合时的情况，依次测量从电源端到电动机出线端子上的每一相电路的电阻值，检查是否存在开路现象；压下接触器 KM2 的衔铁来代替接触器得电吸合时的情况，依次测量 L1-W2、L2-U2、L3-V2 端子上的每一相电路的电阻值，检查是否存在开路现象；压下接触器 KM3 的衔铁来代替接触器得电吸合时的情况，依次测量 U2-V2、V2-W2、W2-U2 端子上的每一相电路的电阻值，检查是否存在开路现象。

控制电路检查（可断开主电路）：将万用表表笔分别搭在 FU2 的进线端和零线上（W11 和 N），此时读数应为"∞"。按下启动按钮 SB2，读数应为接触器 KM1、KM3 和 KT 线圈电阻的并联值；压下 KM1 的衔铁，使 KM1 动合（常开）触点闭合，读数也应为接触器 KM1、KM3 和 KT 线圈电阻的并联值。同时压下 KM1 和 KM2 的衔铁，读数应为 KM1 和 KM2 线圈电阻的并联值。时间继电器控制的 Y-△降压启动电路的不通电测试记录填入表 3-3-4。

表 3-3-4　时间继电器控制的 Y-△降压启动电路的不通电测试记录

项目	主电路									控制电路（W11-N）		
操作步骤	压住 KM1 衔铁			压住 KM2 衔铁			压住 KM3 衔铁			按下 SB2	压住 KM1 衔铁	压住 KM1、KM2 衔铁
电阻值	L1-U1	L2-V1	L3-W1	L1-W2	L2-U2	L3-V2	U2-V2	V2-W2	W2-U2			

2）通电测试。

操作相应按钮，观察电器动作情况。

合上断路器 QF，引入三相电源，按下按钮 SB2，接触器 KM1、KM3 和 KT 线圈得电吸合并自锁，电动机降压启动；延时几秒钟后，KM3 线圈断电释放，KM2 线圈得电吸合自锁，电动机全电压运行；按下停止按钮 SB1，KM1 和 KM2 线圈断电释放，电动机停止工作。时间继电器控制的 Y-△降压启动电路的通电测试记录填入表 3-3-5。时间继电器控制的 Y-△降压启动电路运行情况记录填入表 3-3-6。

表 3-3-5　时间继电器控制的 Y-△降压启动电路的通电测试记录

操作步骤	合上 QF	按下 SB2	松开 SB2	KT 延时时间到	按下 SB1
电动机动作或接触器吸合情况					

表 3-3-6　时间继电器控制的 Y-△降压启动电路运行情况记录

步骤	操作内容	观察内容	正确结果	观察结果	备注
1	旋转 FR 整定电流调整装置，将整定电流设定为合适值	整定电流值	10A		实际使用时，整定值为电动机额定电流的 0.95～1.05 倍
2	旋转 KT 整定时间调整装置，将整定时间设定为 3s	整定时间值	3s		
3	先插上电源插头，再合上断路器	电源插头断路器	已合闸		已供电，注意安全

续表

步骤	操作内容	观察内容	正确结果	观察结果	备注
4	按下启动按钮 SB2	KM1	吸合		
		KT	得电		
		KM3	吸合		
		电动机	启动		
5	3s 后	KM3	释放		单手操作 注意安全
		KT	失电		
		KM2	吸合		
		KM1	吸合		
		电动机	运转		
6	按下停止按钮 SB1	KM1	释放		
		KM2	释放		
		电动机	停转		
7	拉下断路器后，拔下电源插头	断路器 电源插头	已分断		做了吗？

 技能检测

一、填空题

1. 三相异步电动机定子绕组的接法为（　　）接法，才有可能采用 Y-△启动。

2. 当异步电动机采用 Y-△降压启动时，每相定子绕组承受的电压是△形接法全压启动时的（　　）倍。

二、简答题

1. Y-△降压启动适合什么样的电动机？分析在启动过程中电动机绕组的连接方式。

2. 电源断相后，为什么 Y 形联结时电动机不动，而△形联结时电动机却能转动（只是声音较大）？

3. Y-△降压启动时的启动电流为直接启动时的多少倍？

4. 若按下按钮 SB2 后电动机能 Y 形启动，松开按钮 SB2 后电动机即停转，则故障可能出在哪些地方？

5. 若按下按钮 SB2 后电动机能 Y 形启动，但不能△形运转，则故障可能出在哪些地方？

				评估	
				实测	结果
考核项目	考核要求	评分标准	配分	记录	分值

<table>
<tr><td colspan="6" align="center">任务评价</td></tr>
<tr><td colspan="4">任务名称：</td><td colspan="2">学生姓名：</td></tr>
</table>

考核项目	考核要求	评分标准	配分	实测记录	结果分值
1. 安装前检查	正确检测元件，确保良好	电器元件错检或漏检扣 5 分	5		
2. 元件安装	1. 按照接线图布置元件 2. 正确固定元件	元件布置不整齐、不匀称、不合理，安装不紧固，漏装螺钉，损坏元件，扣 5 分	5		
3. 布线	1. 按图施工 2. 合理布线 3. 规范走线，做到横平竖直、无交叉 4. 规范接线，确保无线头松动、反圈、压皮、露铜过长及绝缘层损伤的情况 5. 正确编号	1. 不按电路图接线扣 20 分 2. 布线不合理、不美观，每根扣 3 分 3. 走线不横平竖直，每根扣 3 分 4. 接点松动、露铜过长、压绝缘层、反圈等，每处扣 3 分 5. 损伤导线绝缘层或线芯扣 5 分 6. 漏套或错套编码套管扣 2 分	50		
4. 通电试车	按照要求和步骤正确调试电路	1. 第一次试车不成功扣 10 分 2. 第二次试车不成功扣 20 分 3. 第三次试车不成功扣 30 分	30		
5. 工具使用	正确使用工具	损坏或错误使用扣 5 分	5		
6. 安全生产	注意安全，遵守操作规程	漏接接地线扣 5 分	5		
7. 时间	按规定时间操作	每超时 10 分钟扣 5 分，超出 30 分钟总评按不及格计			

总计：

说明：

安全文明操作；工具、仪器、仪表摆放有序；工作结束后能按要求整理及打扫环境卫生；若出现安全事故，总评按不及格计。

任务总结与反思								

班级：		姓名：		学号：		分组号：		用时：

任务名称：

评价项目	评价内容	评价效果			
		非常满意	满意	基本满意	不满意
方法能力	我能够合理安排自己的日常学习生活（按时起床，着装得体，准时到达教学活动场所）				
	我能够对所学知识标记重点并说出关键词				
	我能够在有计划的前提下开始实操训练，并主动记录项目实施的心得体会				
社会能力	我能够与同学友好交往				
	我能够主动参与小组工作任务并真诚表达自己的观点				
	我能够真实地反馈自己的工作结果，并能主动向他人寻求必要的帮助				
专业能力	我能够看懂电气原理图、安装接线图并掌握相关知识				
	我能够正确使用电工工具和仪器、仪表				
	我清楚各操作环节的安全注意事项				

任务 4

三相异步电动机延边三角形降压启动控制电路的设计

 知识目标

● 了解三相异步电动机延边三角形降压启动控制电路的应用。
● 掌握三相异步电动机延边三角形降压启动控制电路的构成和工作原理。

 知识学习

　　延边三角形降压启动：电动机启动时，把定子绕组的一部分接成△形，另一部分接成 Y 形，使整个绕组形成延边三角形。待电动机启动后，再把定子绕组改接成△形全电压运行。

　　延边三角形降压启动是在 Y-△降压启动的基础上改进而成的一种启动方式，它把 Y 形和△形两种联结结合起来，使电动机每相定子绕组承受的电压小于△形联结时的相电压，而大于 Y 形联结时的相电压，并且每相绕组电压的大小可随电动机绕组抽头（U3、V3、W3）位置的改变而调节，从而克服了 Y-△降压启动时启动电压偏低、启动转矩偏小的缺点。延边三角形降压启动电动机定子绕组的联结方式如图 3-4-1 所示。延边三角形降压启动原理图如图 3-4-2 所示。延边三角形降压启动电路如图 3-4-3 所示。

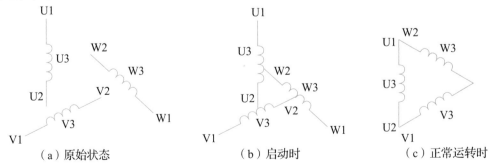

（a）原始状态　　　　　（b）启动时　　　　　（c）正常运转时

图 3-4-1　延边三角形降压启动电动机定子绕组的联结方式

采用延边三角形启动的电动机需要 9 个出线端，这样不用自耦变压器，通过调节定子绕组的抽头比就可以得到不同数值的启动电流和启动转矩，从而满足了不同的使用要求。

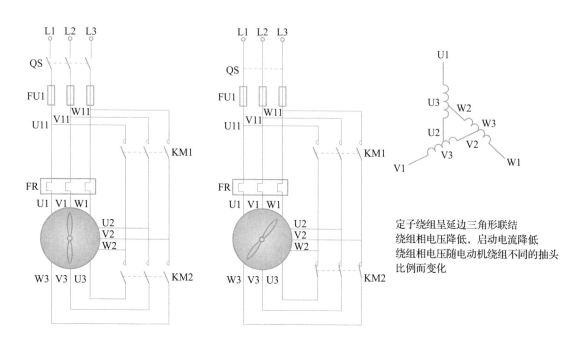

定子绕组呈延边三角形联结
绕组相电压降低，启动电流降低
绕组相电压随电动机绕组不同的抽头
比例而变化

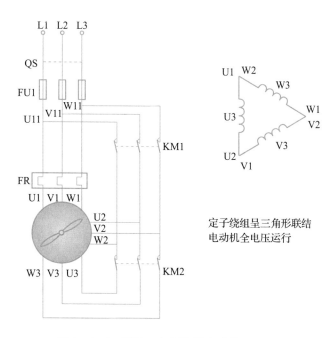

定子绕组呈三角形联结
电动机全电压运行

图 3 - 4 - 2　延边三角形降压启动原理图

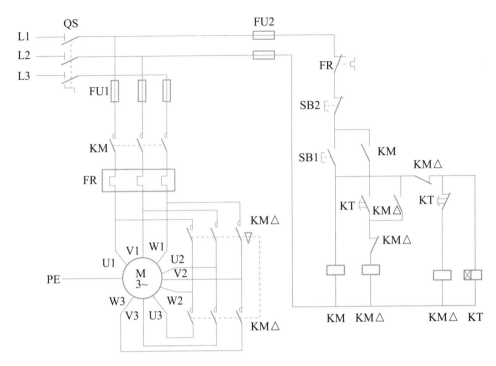

图 3 - 4 - 3　延边三角形降压启动电路

工作原理：

合上电源开关 QS。

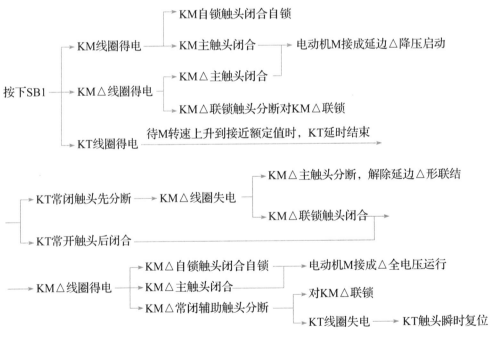

停止时按下按钮 SB2 即可。

三相异步电动机制动控制电路的设计、安装与调试

项目概述

本项目以三相异步电动机制动控制电路的设计、安装与调试为例，介绍制动控制所需低压电器的结构、工作原理和应用；制动控制电气控制电路的设计、安装、调试与检修；制动控制电气图的识读和绘制方法；制动控制电气控制电路故障的查找方法等。

通过对本项目的学习，同学们将能够正确设计、安装和调试三相异步电动机制动控制电路；能够正确使用相关仪器仪表对三相异步电动机制动控制电路进行检测；能够正确排除三相异步电动机制动控制电路的典型故障。

本项目学习过程：认识元器件→识读电路图→识读接线图→检测元件→配线安装→自检→通电测试→故障排除。

职业素养

● 培养分析问题、解决问题的能力，勇于创新、敬业乐业，团结协作，合理分工，互相帮助，协作完成工作任务。

● 养成谦虚、好学、勤于思考、做事认真的习惯。

● 在学习和实践中领会企业的6S制度（整理、整顿、清扫、清洁、素养、安全）。

任务 ① 三相异步电动机机械制动控制电路 的设计、安装与调试

知识目标

- 熟悉电磁铁和电磁离合器的结构、工作原理及使用方法。
- 了解三相异步电动机机械制动在电气控制系统中的应用。
- 掌握三相异步电动机机械制动控制电路的构成和工作原理。

技能目标

- 能够绘制三相异步电动机机械制动控制电路的电气安装接线图。
- 能够根据电气原理图和安装接线图，完成三相异步电动机机械制动控制电路的安装及电气控制电路的调试。

实训任务

在实训设备上，根据电气原理图和安装接线图完成三相异步电动机机械制动控制电路的安装及调试。

具体流程如下：

（1）按照电气原理图绘制安装接线图。

（2）向小组成员及授课教师展示结果并确定正确与否。

（3）根据绘制好的安装接线图进行装接。

（4）自检、交验、通电试车并进行自我评估。

任务准备

（1）按照要求穿着工装进入实训室。

（2）领取实训所需的电工工具、仪器、仪表。

（3）识读三相异步电动机机械制动控制电路的电气原理图。

（4）配齐所需元器件并进行安装前检查。

（5）按照安装接线图要求，进行元器件安装、接线及电气控制电路的调试。

知识学习

在现代工业生产过程中，往往要求电动机能够迅速停车或者机械设备能够准确定位，因此制动的方法尤为重要。

制动：给电动机一个与转动方向相反的转矩使它迅速停转（或限制其转速）。

制动方法分类：机械制动和电力制动。

机械制动：利用机械装置使电动机断开电源后迅速停转。

机械制动常用方法：电磁抱闸制动器制动和电磁离合器制动。

1. 电磁铁

电磁铁通过电磁吸力来牵引机械装置以完成预期的动作，也可用于钢铁零件的吸持固定、铁磁物体的起重搬运等，它是将电能转化为机械能的一种低压电器。

电磁铁主要由铁芯、衔铁、线圈和工作机构四部分组成。

按线圈中通过电流的种类，电磁铁可分为交流电器铁和直流电磁铁。

线圈中通过交流电的电磁铁称为交流电磁铁。

为减小涡流与磁滞损耗，交流电磁铁的铁芯和衔铁用硅钢片叠压铆成，并在铁芯端部装有短路环。

交流电磁铁的种类很多，按电流相数可分为单相、二相和三相；按线圈额定电压可分为 220V 和 380V；按功能可分为牵引电磁铁、制动电磁铁和起重电磁铁。

制动电磁铁按衔铁行程分为长行程（大于 10mm）和短行程（小于 5mm）两种。

交流短行程制动电磁铁为转动式，制动力矩较小，多为单相或两相结构。

（1）型号的含义。

电磁铁型号的含义如图 4-1-1 所示。

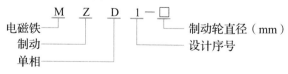

图 4-1-1　电磁铁型号的含义

（2）电磁抱闸制动器的结构及动作。

电磁抱闸制动器主要由制动电磁铁和闸瓦制动器组成。其中，制动电磁铁由铁芯、衔铁和线圈等组成，闸瓦制动器由闸轮、闸瓦、杠杆和弹簧等组成。闸轮装在被制动轴上，当线圈通电后，U形衔铁绕轴转动吸合，衔铁克服弹簧拉力，迫使制动杠杆带动闸瓦向外移动，使闸瓦离开闸轮，闸轮和被制动轴可以自由转动。而当线圈断电后，衔铁会释放，在弹簧作用下，制动杠杆带动闸瓦向里运动，使闸瓦紧紧抱住闸轮完成制动。MZDI型电磁抱闸制动器如图4－1－2所示，电磁抱闸制动器的动作如图4－1－3所示。

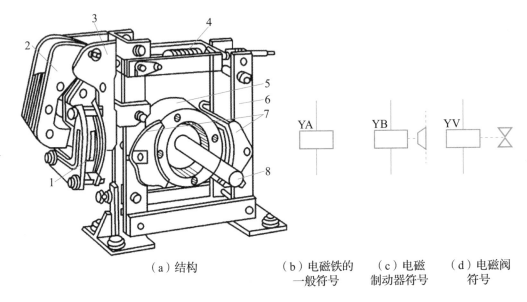

（a）结构　　　　　（b）电磁铁的　　（c）电磁　　（d）电磁阀
　　　　　　　　　　　一般符号　　　制动器符号　　　符号

图4－1－2　MZDI型电磁抱闸制动器
1—线圈；2—衔铁；3—铁芯；4—弹簧；5—闸轮；6—杠杆；7—闸瓦；8—轴

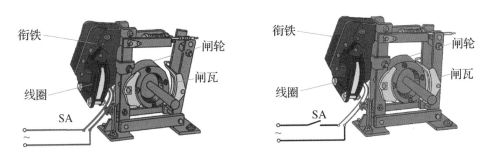

图4－1－3　电磁抱闸制动器的动作

2. 机械制动中的电磁抱闸制动器制动

（1）电磁抱闸制动器断电制动控制电路。

电磁抱闸制动器分为断电制动型和通电制动型两种。

在电梯、起重机、卷扬机等升降机械上通常采用断电制动。其优点是能够准确定位，同时可防止电动机突然断电或电路出现故障时重物自行坠落。在机床等生产机械中采用通电制动，以便在电动机未通电时可以用手扳动主轴以调整和对刀。

断电制动型电磁抱闸制动器的工作原理：当制动电磁铁的线圈得电时，制动器的闸瓦与闸轮分开，无制动作用；当线圈失电时，闸瓦紧紧抱住闸轮制动。

通电制动型电磁抱闸制动器的工作原理：当制动电磁铁的线圈得电时，闸瓦紧紧抱住闸轮制动；当线圈失电时，闸瓦与闸轮分开，无制动作用。

电磁抱闸制动器断电制动控制电路如图 4-1-4 所示。

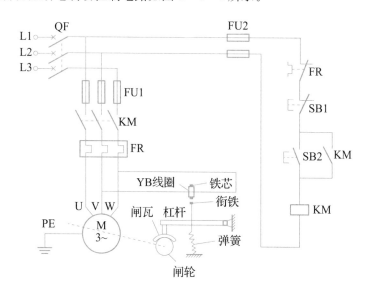

图 4-1-4　电磁抱闸制动器断电制动控制电路

工作原理如下：

1）启动运转：按下启动按钮 SB1，接触器 KM 线圈得电，其自锁触头和主触头闭合，电动机 M 接通电源，同时电磁抱闸制动器 YB 线圈得电，衔铁与铁芯吸合，衔铁克服弹簧拉力，迫使制动杠杆向上移动，从而使制动器的闸瓦与闸轮分开，电动机正常运转。

2）制动停转：按下停止按钮 SB2，接触器 KM 的线圈失电，其自锁触头和主触头分断，电动机 M 失电，同时电磁抱闸制动器线圈 YB 也失电，衔铁与铁芯分开，在弹簧拉力的作用下闸瓦紧紧抱住闸轮，使电动机迅速制动而停转。

（2）电磁抱闸制动器通电制动控制电路。

电磁抱闸制动器通电制动控制电路如图 4-1-5 所示。

工作原理如下：

1）启动运转：按下启动按钮 SB1，接触器 KM1 线圈得电，其自锁触头和主触头闭合，电动机 M 启动运转。由于接触器 KM1 联锁触头分断，使接触器 KM2 不能得电动作，所以电磁抱闸制动器的线圈无电，衔铁与铁芯分开，在弹簧拉力的作用下，闸瓦与闸轮分开，电动机不受制动正常运转。

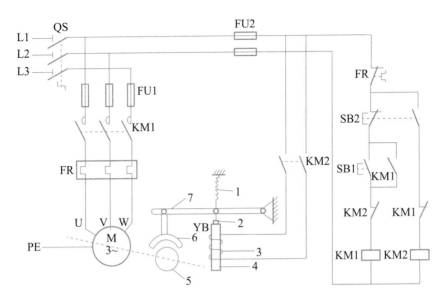

图 4-1-5 电磁抱闸制动器通电制动控制电路
1—弹簧；2—衔铁；3—线圈；4—铁芯；5—闸轮；6—闸瓦；7—杠杆

2）制动停转：按下复合按钮 SB2，其常闭触头先分断，使接触器 KM1 线圈失电，其自锁触头和主触头分断，电动机 M 失电，KM1 联锁触头恢复闭合，待 SB2 常开触头闭合后，接触器 KM2 线圈得电，KM2 主触头闭合，电磁抱闸制动器 YB 线圈得电，铁芯吸合衔铁，衔铁克服弹簧拉力，带动杠杆向下移动，使闸瓦紧抱闸轮，电动机被迅速制动而停转。KM2 联锁触头分断对 KM1 联锁。

 任务实施

在实训设备上，按照控制要求完成元器件测试、安装与硬件接线（图 4-1-6），检查电路并进行故障排除。在明确实训任务的基础上，分析三相异步电动机机械制动控制电路的电气原理图（图 4-1-7）。

1. 安装

（1）布线。

一般从电源端开始按线号顺序接线，先接主电路，后接控制电路。选择适当的导线截面，截取合适长度，剥去两端绝缘外皮。

按照安装接线图进行板前明线布线，工艺要求如下：

1）布线通道尽可能少，同路并行导线按主电路、控制电路分类集中，单层密排，紧贴安装面布线。

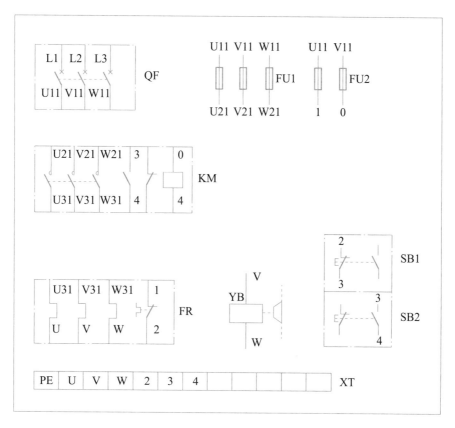

图 4-1-6　安装接线图

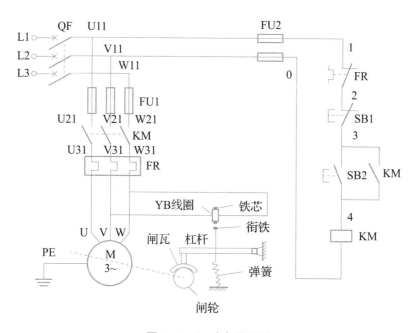

图 4-1-7　电气原理图

2）同一平面的导线应高低一致或前后一致，走线合理，不能交叉或架空。

3）对螺栓式接线端子，导线连接时应打钩圈，并按顺时针旋转；对瓦片式接线端子，导线连接时直线插入接线端子固定即可。导线连接不能压绝缘层，也不能露铜过长。

4）布线应横平竖直，分布均匀，变换走向时应垂直。

5）布线时严禁损伤线芯和导线绝缘层。

6）所有从一个接线端子（或接线桩）到另一个接线端子的导线必须完整，中间无接头。

7）一个元器件接线端子上的连接导线不得多于两根，每节接线端子板上的连接导线一般只允许连接一根。

8）进出线应合理汇集在端子板上。

（2）检查布线。

根据安装接线图检查控制板布线是否正确。

（3）安装电动机。

根据安装接线图安装电动机。

（4）安装接线注意事项。

1）在完全没有水或油等物质的状态下使用干式电磁离合器，如果摩擦部位沾有水或油等物质，会使摩擦扭力大为降低，离合器的灵敏度也会变差。为了避免这类情况，应加设罩盖。

2）在尘埃很多的场所使用时，应使用防护罩。

3）离合器的长轴尺寸应符合 JIS0401H6 或 JS6 的规格。轴的键应符合 JIS B1301-1959 所规定的其中一种。

4）考虑到热膨胀等因素，轴向位移应控制在 0.8mm 以下。

5）安装时应在机械上将吸引间隙调整为规定值的 ±20% 以内。

6）确保托架保持轻盈，不要使离合器的轴承承受过重的压力。

7）对于组装用的螺钉，应使用弹簧金属片、接着剂等进行防松弛处理。

8）通过机械侧的框架维持引线的同时，利用端子板等进行连接。

2. 自检和电路测试

安装完毕的控制电路板，必须认真检查后才允许通电试车，以防止错接、漏接造成不能正常运转的情况或引发短路事故。

（1）按电路图或接线图从电源端开始，逐段核对接线及接线端子处线号是否正确，有无漏接、错接之处，检查导线接点是否符合要求，压接是否牢固。确保接触良好。

（2）用万用表检查电路的通断情况。

1）不通电测试。

主电路检查（可断开控制电路）：压下接触器的衔铁来代替接触器得电吸合时的情况，

依次测量从电源端（L1、L2、L3）到电动机出线端子（U、V、W）上的每一相电路的电阻值，检查是否存在开路现象。

控制电路检查（可断开主电路）：将万用表表笔分别搭在 FU2 的进线端（U21 和 V21），此时读数应为"∞"。按下启动按钮 SB2 时，读数应为接触器线圈的电阻值；压下接触器 KM 的衔铁，读数也应为接触器线圈的电阻值。

2）通电测试。

操作相应按钮，观察电器动作情况。

合上断路器 QF，引入三相电源，按下启动按钮 SB2，接触器 KM 的线圈通电，衔铁吸合，接触器的主触头闭合，电动机接通电源直接启动运转。按下按钮 SB1 时，电动机停止运转，实现机械制动。

 技能检测

简答题

1. 什么是制动？制动方法有哪两种？

2. 什么是机械制动？常用的机械制动方法有哪两种？

任务评价					
任务名称：				学生姓名：	
考核项目	考核要求	评分标准	配分	评估	
				实测记录	结果分值
1. 安装前检查	正确检测元件，确保良好	电器元件错检或漏检扣5分	5		
2. 元件安装	1. 按照接线图布置元件 2. 正确固定元件	元件布置不整齐、不匀称、不合理，安装不紧固，漏装螺钉，损坏元件，扣5分	5		
3. 布线	1. 按图施工 2. 合理布线 3. 规范走线，做到横平竖直、无交叉 4. 规范接线，确保无线头松动、反圈、压皮、露铜过长及绝缘层损伤的情况 5. 正确编号	1. 不按电路图接线扣20分 2. 布线不合理、不美观，每根扣3分 3. 走线不横平竖直，每根扣3分 4. 接点松动、露铜过长、压绝缘层、反圈等，每处扣3分 5. 损伤导线绝缘层或线芯扣5分 6. 漏套或错套编码套管扣2分	50		
4. 通电试车	按照要求和步骤正确调试电路	1. 第一次试车不成功扣10分 2. 第二次试车不成功扣20分 3. 第三次试车不成功扣30分	30		
5. 工具使用	正确使用工具	损坏或错误使用扣5分	5		
6. 安全生产	注意安全，遵守操作规程	漏接接地线扣5分	5		
7. 时间	按规定时间操作	每超时10分钟扣5分，超出30分钟总评按不及格计			
总计：					

说明：

安全文明操作；工具、仪器、仪表摆放有序；工作结束后能按要求整理及打扫环境卫生；若出现安全事故，总评按不及格计。

任务总结与反思						

班级：		姓名：		学号：	分组号：	用时：

任务名称：

评价项目	评价内容	评价效果			
		非常满意	满意	基本满意	不满意
方法能力	我能够合理安排自己的日常学习生活（按时起床，着装得体，准时到达教学活动场所）				
	我能够对所学知识标记重点并说出关键词				
	我能够在有计划的前提下开始实操训练，并主动记录项目实施的心得体会				
社会能力	我能够与同学友好交往				
	我能够主动参与小组工作任务并真诚表达自己的观点				
	我能够真实地反馈自己的工作结果，并能主动向他人寻求必要的帮助				
专业能力	我能够看懂电气原理图、安装接线图并掌握相关知识				
	我能够正确使用电工工具和仪器、仪表				
	我清楚各操作环节的安全注意事项				

任务 2
三相异步电动机反接制动控制电路
的设计、安装与调试

知识目标

● 熟悉速度继电器的结构、工作原理及使用方法。
● 掌握三相异步电动机反接制动控制电路的构成和工作原理。

技能目标

● 能够绘制三相异步电动机反接制动控制电路的电气安装接线图。
● 能够根据电气原理图和安装接线图完成三相异步电动机反接制动控制电路的安装及电气控制电路的调试。

实训任务

在实训设备上，根据电气原理图和安装接线图完成三相异步电动机反接制动控制电路的安装及调试。

具体流程如下：

（1）按照电气原理图绘制安装接线图。

（2）向小组成员及授课教师展示结果并确定正确与否。

（3）根据绘制好的安装接线图进行装接。

（4）自检、交验、通电试车并进行自我评估。

任务准备

（1）按照要求穿着工装进入实训室。

（2）领取实训所需的电工工具、仪器、仪表。

（3）识读三相异步电动机反接制动控制电路的电气原理图。

（4）配齐所需元器件并进行安装前检查。

（5）按照安装接线图要求，进行元器件安装、接线及电气控制电路的调试。

 知识学习

由于存在惯性，三相异步电动机从切除电源到完全停止旋转要经过一段时间，这往往不能适应某些生产设备对工艺的要求，如万能铣床、卧式镗床、组合机床等。因此，无论是从提高生产效率，还是从安全及准确停位等方面考虑，都要求电动机能迅速停车。

1. 速度继电器

速度继电器是反应转速和转向的继电器，其主要作用是以旋转速度的快慢为指令信号，与接触器配合实现对电动机的反接制动控制，故称为反接制动继电器。速度继电器的外形如图4-2-1所示。

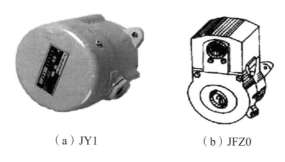

（a）JY1　　　　　（b）JFZ0

图4-2-1　速度继电器的外形

（1）型号的含义。

速度继电器型号的含义如图4-2-2所示。

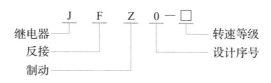

图4-2-2　速度继电器型号的含义

（2）结构及工作原理。

JY1系列速度继电器的结构及工作原理如图4-2-3所示。

（3）符号。

速度继电器的符号如图4-2-4所示。

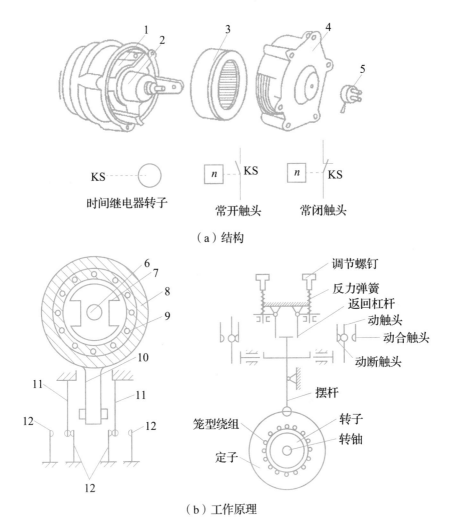

（a）结构

（b）工作原理

图 4-2-3 速度继电器的结构及工作原理

1—可动支架；2—转子；3、8—定子；4—端盖；5—连接头；6—转轴；7—转子（永久磁铁）；
9—定子绕组；10—胶木摆杆；11—簧片（动触头）；12—静触头

图 4-2-4 速度继电器的符号

（4）动作条件。

通常设定为：当转速上升至约 120r/min 时，速度继电器动作；当转速下降至约 100r/min 时，触头将自动复位。可通过整定螺钉来设定速度继电器的动作条件。

2. 单向启动反接制动控制电路

电力制动：使电动机在切断电源停转的过程中，产生一个和电动机实际旋转方向相反的电磁力矩（制动力矩），迫使电动机迅速制动停转。

电力制动的常用方法：反接制动、能耗制动、回馈制动（再生发电制动）、电容制动等。

反接制动原理：改变电动机电源相序，使定子绕组产生反向的旋转磁场，形成制动转矩，迫使电动机迅速停转，如图 4-2-5 所示。当电动机转速接近零时，应立即切断电动机电源，否则电动机将反转。

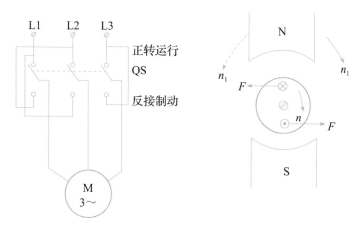

图 4-2-5 反接制动原理图

（1）电路组成。

单向启动反接制动控制电路如图 4-2-6 所示。单向启动反接制动控制电路的组成及各元件的功能见表 4-2-1。

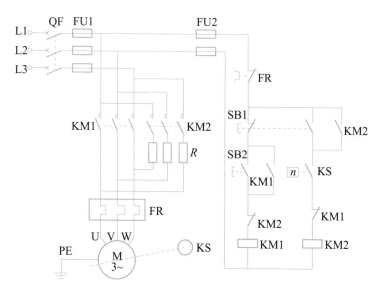

图 4-2-6 单向启动反接制动控制电路

表 4-2-1　单向启动反接制动控制电路的组成及各元件的功能

序号	电路名称	电路组成	元件功能	备注
1	电源电路	QF	电源开关	
2		FU1	熔断器，主电路的短路保护	
3		KM1 主触头	控制电动机单向运转	
4		KM2 主触头	控制电动机反接制动	
5	主电路	反接制动电阻 R	反接制动电流	
6		FR 热元件	与常闭触头配合，用于过载保护	
7		M	电动机	
8		FU2	熔断器，控制电路的短路保护	
9		FR 常闭触头	过载保护	
10		SB1	停止按钮	
11		SB2	启动按钮	
12		KM1 辅助常开触头	KM1 自锁触头	
13	控制电路	KM2 辅助常闭触头	联锁保护	
14		KM1 线圈	控制 KM1 的吸合与释放	
15		KM2 辅助常开触头	KM2 自锁触头	
16		KS 常开触头	用于速度控制	
17		KM1 辅助常闭触头	联锁保护	
18		KM2 线圈	控制 KM2 的吸合与释放	

由于反接制动时，电动机转子与定子旋转磁场的相对速度接近正常运行时同步转速的两倍，因此定子绕组中流过的反接制动电流相当于直接启动时启动电流的两倍。反接制动一般应用于 10kW 以上的电动机的控制电路，且应在主电路中串联一组电阻，即反接制动电阻 R。

（2）工作原理。

1）单向启动。

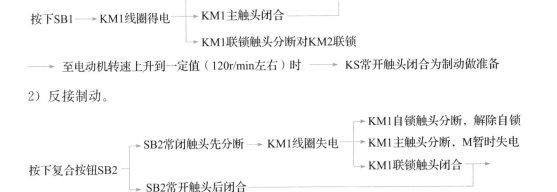

2）反接制动。

反接制动的优点：制动力强，制动迅速。

反接制动的缺点：制动准确性差；制动过程中冲击强烈，易损坏传动零件；制动能量消耗大，不宜经常制动。

因此，反接制动适用于制动要求迅速、系统惯性较大、不经常启动与制动的场合，如铣床、镗床、中型车床等机床主轴的制动控制。

3. 双向启动反接制动控制电路

双向启动反接制动控制电路图如图4-2-7所示。

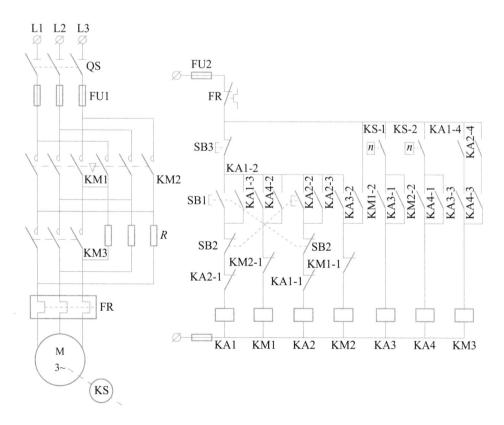

图4-2-7　双向启动反接制动控制电路图

工作原理如下：

（1）正转启动运转。

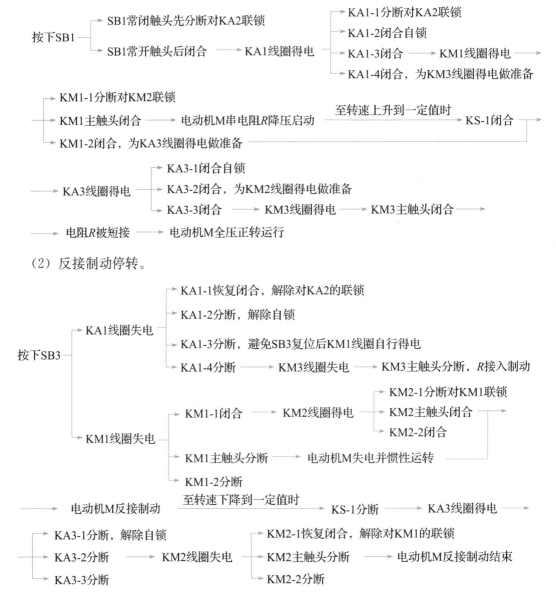

（2）反接制动停转。

电动机的反向启动及反接制动控制通过启动按钮 SB2、中间继电 KA2 和 KA4、接触器 KM2 和 KM3、停止按钮 SB3、速度继电器的常开触头 KS-2 等电器来实现，其启动过程、制动过程与单向启动反接制动控制电路相似，读者可自行分析。

双向启动反接制动控制电路所用电器较多，电路也比较繁杂，但操作方便，运行安全可靠，是一种比较完善的控制电路。电路中的反接制动电阻 R 既能限制反接制动电流，又能限制启动电流；中间继电器 KA3、KA4 可避免停车时由于速度继电器 KS-1 或 KS-2 触头的偶然闭合而接通电源。

任务实施

在实训设备上，按照控制要求完成元器件测试、安装与硬件接线（图 4-2-8），检查电路并进行故障排除。在明确实训任务的基础上分析三相异步电动机反接制动控制电路的电气原理图（图 4-2-9）。

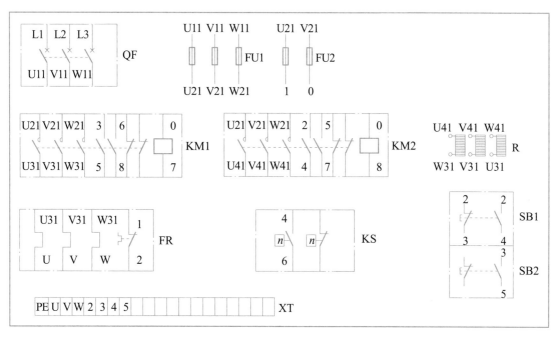

图 4-2-8　安装接线图

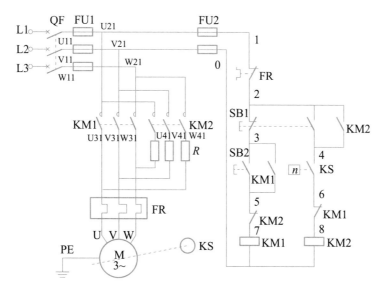

图 4-2-9　电气原理图

1. 安装

（1）布线。

一般从电源端开始按线号顺序接线，先接主电路，后接控制电路。选择适当的导线截面，截取合适长度，剥去两端绝缘外皮。

按照安装接线图进行板前明线布线，工艺要求如下：

1）布线通道尽可能少，同路并行导线按主电路、控制电路分类集中，单层密排，紧贴安装面布线。

2）同一平面的导线应高低一致或前后一致，走线合理，不能交叉或架空。

3）对螺栓式接线端子，导线连接时应打钩圈，并按顺时针旋转；对瓦片式接线端子，导线连接时直线插入接线端子固定即可。导线连接不能压绝缘层，也不能露铜过长。

4）布线应横平竖直，分布均匀，变换走向时应垂直。

5）布线时严禁损伤线芯和导线绝缘层。

6）所有从一个接线端子（或接线桩）到另一个接线端子的导线必须完整，中间无接头。

7）一个元器件接线端子上的连接导线不得多于两根，每节接线端子板上的连接导线一般只允许连接一根。

8）进出线应合理汇集在端子板上。

（2）检查布线。

根据安装接线图检查控制板布线是否正确。

（3）安装电动机、速度继电器。

（4）安装接线注意事项。

1）安装速度继电器前，要明确其结构，辨明常开触头的接线端。

2）速度继电器可以预先安装好。安装时，采用速度继电器的连接头与电动机转轴直接连接的方法，并使两轴中心线重合。

3）通电试车时，若制动不正常，可检查速度继电器是否符合要求。若需调节速度继电器的调整螺钉，必须切断电源，以防止出现相对地短路而引发事故。

4）速度继电器动作值和返回值的调整，应先由教师示范后，再由学生自己操作。

5）制动操作不宜过于频繁。

6）通电试车时，必须有指导教师在现场监护，同时做到安全文明生产。

2. 自检和电路测试

安装完毕的控制电路板，必须认真检查后才允许通电试车，以防止错接、漏接造成不能正常运转的情况或引发短路事故。

（1）按电路图或接线图从电源端开始，逐段核对接线及接线端子处线号是否正确，有无漏接、错接之处，检查导线接点是否符合要求，压接是否牢固。确保接触良好。

（2）用万用表检查电路的通断情况。

1）不通电测试。

主电路检查（可断开控制电路）：压下接触器的衔铁来代替接触器得电吸合时的情况，依次测量从电源端（L1、L2、L3）到电动机出线端子（U、V、W）的每一相电路的电阻值，检查是否存在开路现象。

控制电路检查（可断开主电路）：将万用表表笔分别搭在 FU2 的进线端上，此时读数应为"∞"。按下启动按钮 SB2 时，读数应为接触器 KM1 线圈的电阻值；压下接触器 KM1 的衔铁，读数也应为接触器 KM1 线圈的电阻值。

2）通电测试。

操作相应按钮，观察电器动作情况。

合上断路器 QS，引入三相电源，按下启动按钮 SB2，接触器 KM1 的线圈通电，衔铁吸合，接触器 KM1 的主触头闭合，电动机接通电源直接启动运转。当转速上升至约 120r/min 时，速度继电器动作，其常开触头闭合，为反接制动做好准备，按下按钮 SB1 时，KM1 接触器线圈失电，KM2 接触器线圈得电反接制动，电动机的定子电路中串入反接制动电阻，转速接近零时速度继电器及时切断反相序电源，防止反向再启动。电路运行情况记录填入表 4-2-2。

表 4-2-2　电路运行情况记录

步骤	操作内容	观察内容	正确结果	观察结果	备注
1	旋转 FR 整定电流调整装置，将整定电流设定为合适值	整定电流值	10A		实际使用时，整定值为电动机额定电流的 0.95～1.05 倍
2	调节速度继电器的调整螺钉，改变动作值、返回值	弹簧的弹力大小			
3	先插上电源插头，再合上断路器	电源插头断路器	已合闸		顺序不能颠倒，注意安全
4	按下启动按钮 SB2	KM1	吸合		KS 触头要与旋转方向对应，否则不能反接制动
		电动机	运转		
		KS 常开触头	闭合		
5	按下停止按钮 SB1	KM1	释放		
		KM2	闭合后释放		
		电动机	瞬间停转		
6	拉下断路器后，拔下电源插头	断路器电源插头	已分断		做了吗？

技能检测

一、填空题

1. 速度继电器的作用是与（　　　）配合，实现对电动机的（　　　）控制。

2. 三相交流异步电动机常用的电气制动方法有（　　　）（　　　）（　　　）3 种。

二、选择题

1. 反接制动时，旋转磁场反向转动，与电动机的转动方向（　　　）。

A. 相反　　　　　　B. 相同　　　　　　C. 不变　　　　　　D. 垂直

2. 三相异步电动机采用反接制动，切断电源后，应将电动机的（　　　）。

A. 转子回路串电阻　　　　　　　　B. 定子绕组两相绕组反接

C. 转子绕组反接　　　　　　　　　D. 定子绕组送入直流电

三、判断题

（　　　）三相异步电动机反接制动控制电路中，速度继电器常开触头的作用是避免电动机反转。

四、操作题

按要求画出三相笼型异步电动机单向运转的控制电路。

（1）既能点动又能连续运转。

（2）停止时采用反接制动。

（3）能在两处进行启动和停止。

任务评价					
任务名称：				学生姓名：	
考核项目	考核要求	评分标准	配分	评估	
				实测记录	结果分值
1. 安装前检查	正确检测元件，确保良好	电器元件错检或漏检扣 5 分	5		
2. 元件安装	1. 按照接线图布置元件 2. 正确固定元件	元件布置不整齐、不匀称、不合理，安装不紧固，漏装螺钉，损坏元件，扣 5 分	5		
3. 布线	1. 按图施工 2. 合理布线 3. 规范走线，做到横平竖直、无交叉 4. 规范接线，确保无线头松动、反圈、压皮、露铜过长及绝缘层损伤的情况 5. 正确编号	1. 不按电路图接线扣 20 分 2. 布线不合理、不美观，每根扣 3 分 3. 走线不横平竖直，每根扣 3 分 4. 接点松动、露铜过长、压绝缘层、反圈等，每处扣 3 分 5. 损伤导线绝缘层或线芯扣 5 分 6. 漏套或错套编码套管扣 2 分	50		
4. 通电试车	按照要求和步骤正确调试电路	1. 第一次试车不成功扣 10 分 2. 第二次试车不成功扣 20 分 3. 第三次试车不成功扣 30 分	30		
5. 工具使用	正确使用工具	损坏或错误使用扣 5 分	5		
6. 安全生产	注意安全，遵守操作规程	漏接接地线扣 5 分	5		
7. 时间	按规定时间操作	每超时 10 分钟扣 5 分，超出 30 分钟总评按不及格计			

总计：

说明：

安全文明操作；工具、仪器、仪表摆放有序；工作结束后能按要求整理及打扫环境卫生；若出现安全事故，总评按不及格计。

任务总结与反思				
班级：	姓名：	学号：	分组号：	用时：

任务名称：

评价项目	评价内容	评价效果			
		非常满意	满意	基本满意	不满意
方法能力	我能够合理安排自己的日常学习生活（按时起床，着装得体，准时到达教学活动场所）				
	我能够对所学知识标记重点并说出关键词				
	我能够在有计划的前提下开始实操训练，并主动记录项目实施的心得体会				
社会能力	我能够与同学友好交往				
	我能够主动参与小组工作任务并真诚表达自己的观点				
	我能够真实地反馈自己的工作结果，并能主动向他人寻求必要的帮助				
专业能力	我能够看懂电气原理图、安装接线图并掌握相关知识				
	我能够正确使用电工工具和仪器、仪表				
	我清楚各操作环节的安全注意事项				

项目四
三相异步电动机制动控制电路的设计、安装与调试

三相异步电动机能耗制动控制电路的设计、安装与调试

知识目标

- 了解三相异步电动机能耗制动控制电路的应用。
- 掌握三相异步电动机能耗制动控制电路的构成和工作原理。

技能目标

- 能够绘制三相异步电动机能耗制动控制电路的电气安装接线图。
- 能够根据电气原理图和安装接线图完成三相异步电动机能耗制动控制电路的安装及电气控制电路的调试。

实训任务

在实训设备上，根据电气原理图和安装接线图完成三相异步电动机能耗制动控制电路的安装及调试。

具体流程如下：

（1）按照电气原理图绘制安装接线图。

（2）向小组成员及授课教师展示结果并确定正确与否。

（3）根据绘制好的安装接线图进行装接。

（4）自检、交验、通电试车并进行自我评估。

任务准备

（1）按照要求穿着工装进入实训室。

（2）领取实训所需的电工工具、仪器、仪表。

（3）识读三相异步电动机能耗制动控制电路的电气原理图。

（4）配齐所需元器件并进行安装前检查。

（5）按照安装接线图要求，进行元器件安装、接线及电气控制电路的调试。

 知识学习

能耗制动：当电动机切断交流电源后，立即在定子绕组的任意两相中通入直流电，迫使电动机迅速停转。

制动原理：电动机脱离三相交流电源后，在定子绕组通入直流电可以产生起阻止旋转作用的静止磁场，达到制动的目的。能耗制动原理图如图 4-3-1 所示。

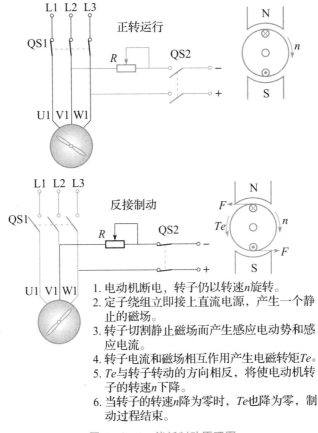

1. 电动机断电，转子仍以转速 n 旋转。
2. 定子绕组立即接上直流电源，产生一个静止的磁场。
3. 转子切割静止磁场而产生感应电动势和感应电流。
4. 转子电流和磁场相互作用产生电磁转矩 Te。
5. Te 与转子转动的方向相反，将使电动机转子的转速 n 下降。
6. 当转子的转速 n 降为零时，Te 也降为零，制动过程结束。

图 4-3-1　能耗制动原理图

由于这种制动方法是通过在定子绕组中通入直流电以消耗转子惯性运转的动能来进行制动，所以称为能耗制动，又称动能制动。

与反接制动相比，能耗制动的特点如下：

（1）消耗的能量少，制动电流小。

（2）适用于电动机能量较大，要求制动平稳和制动频繁的场合。

（3）能耗制动需要配备直流电源整流装置。

1. 无变压器单相半波整流能耗制动自动控制电路

无变压器单相半波整流单向启动能耗制动自动控制电路如图 4-3-2 所示。

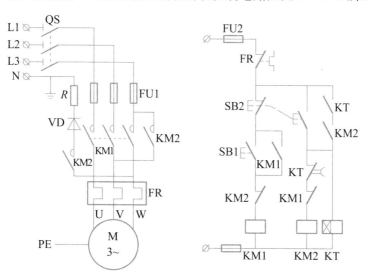

图 4-3-2 无变压器单相半波整流单向启动能耗制动自动控制电路

该电路采用整流二极管对电动机的单相电源进行半波整流，形成能耗制动直流电源；通过通电延时时间继电器控制电动机的制动时间。所用附加设备少，电路简单，成本低，常用于 10kW 以下的小容量电动机，以及对制动要求不高的场合。

工作原理如下：

（1）单向启动运转。

（2）能耗制动停转。

　　KT 瞬时闭合常开触头的作用是当 KT 出现线圈断线或机械卡住等故障时，按 SB2 按钮后能使电动机制动并脱离直流电源。

　　2. 有变压器单相桥式整流能耗制动自动控制电路

　　对于容量 10kW 以上的电动机，多采用有变压器单相桥式整流能耗制动自动控制电路，如图 4 - 3 - 3 所示。

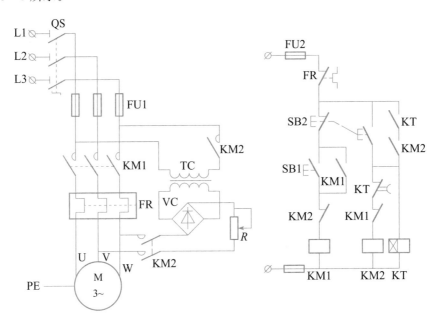

图 4 - 3 - 3　有变压器单相桥式整流能耗制动自动控制电路

　　该能耗制动模式的优点：制动准确、平稳，且能量消耗较小。

　　该能耗制动模式的缺点：需配备直流电源装置，设备费用较高，制动力较弱，在低速时制动力矩小。一般用于要求制动准确、平稳的场合，如磨床、立式铣床等的控制电路中。

　　电路增加了变压器，并通过桥式整流电路对变压器提供的制动电源进行全波整流，使电动机的制动过程更平稳，制动效率更高。电路的工作原理与半波整流能耗制动控制电路基本相同，此处不再赘述。

　　任务实施

　　在实训设备上，按照控制要求完成元器件测试、安装与硬件接线（图 4 - 3 - 4），检查电路并进行故障排除。在明确实训任务的基础上分析三相异步电动机能耗制动控制电路的电气原理图（图 4 - 3 - 5）。

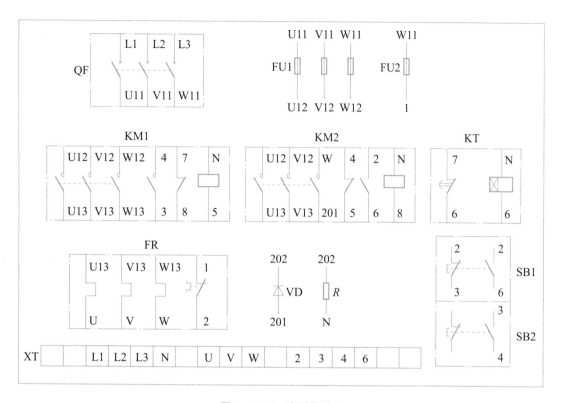

图 4-3-4 安装接线图

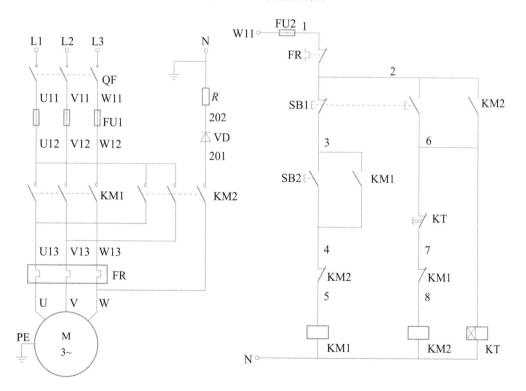

图 4-3-5 电气原理图

电路中采用 KM1 和 KM2 两个接触器。当 KM1 主触头接通时，电动机 M 接通三相电源启动运行；当 KM2 主触头接通时，电动机 M 接通直流电实现单管能耗制动。

利用 KM1 和 KM2 的动断（常闭）触头互串在对方线圈支路中，起到电气互锁的作用，以避免两个接触器同时得电造成主电路电源短路。时间继电器 KT 控制 KM2 线圈通电的时间，从而控制电动机通入直流电进行能耗制动的时间。

1. 安装

（1）布线。

一般从电源端开始按线号顺序接线，先接主电路，后接控制电路。选择适当的导线截面，截取合适长度，剥去两端绝缘外皮。

按照安装接线图进行板前明线布线，工艺要求如下：

1）布线通道尽可能少，同路并行导线按主电路、控制电路分类集中，单层密排，紧贴安装面布线。

2）同一平面的导线应高低一致或前后一致，走线合理，不能交叉或架空。

3）对螺栓式接线端子，导线连接时应打钩圈，并按顺时针旋转；对瓦片式接线端子，导线连接时直线插入接线端子固定即可。导线连接不能压绝缘层，也不能露铜过长。

4）布线应横平竖直，分布均匀，变换走向时应垂直。

5）布线时严禁损伤线芯和导线绝缘层。

6）所有从一个接线端子（或接线桩）到另一个接线端子的导线必须完整，中间无接头。

7）一个元器件接线端子上的连接导线不得多于两根，每节接线端子板上的连接导线一般只允许连接一根。

8）进出线应合理汇集在端子板上。

（2）检查布线。

根据安装接线图检查控制板布线是否正确。

（3）安装电动机。

根据安装接线图安装电动机。

（4）安装接线注意事项。

1）按钮内部接线时，用力不可过猛，以防螺钉打滑。

2）按钮内部的接线不要接错，启动按钮必须接动合（常开）触头。

3）时间继电器的整定时间不要调得太长，以免制动时间过长导致电动机定子绕组发热。

4）制动时要将停止按钮 SB1 按到底。

5）整流二极管要配装散热器和固定散热器的支架。

6）电动机外壳必须可靠接 PE（保护接地）线。

2. 自检和电路测试

安装完毕的控制电路板，必须认真检查后才允许通电试车，以防止错接、漏接造成不能正常运转的情况或引发短路事故。

（1）按电路图或接线图从电源端开始，逐段核对接线及接线端子处线号是否正确，有无漏接、错接之处，检查导线接点是否符合要求，压接是否牢固。确保接触良好。

（2）用万用表检查电路的通断情况。

1）不通电测试。

主电路检查（可断开控制电路）：压下接触器 KM1 的衔铁来代替接触器得电吸合时的情况，依次测量从电源端（L1、L2、L3）到电动机出线端子（U、V、W）的每一相电路的电阻值，检查是否存在开路现象。

控制电路检查（可断开主电路）：将万用表表笔分别搭在 FU2 的进线端（W11 和 N），此时读数应为"∞"。按下启动按钮 SB2 时，读数应为接触器 KM1 线圈的电阻值；压下接触器 KM1 的衔铁，读数也应为接触器 KM1 线圈的电阻值。

按下停止按钮 SB1，读数应为接触器 KM2 和时间继电器 KT 两个线圈并联的电阻值；用手压下接触器 KM2 的衔铁，使 KM2 的动合（常开）触头闭合，读数也应为 KM2 和 KT 线圈并联的电阻值。无变压器半波整流能耗制动的不通电测试记录填入表 4-3-1。

表 4-3-1　无变压器半波整流能耗制动的不通电测试记录

	主电路			控制电路两端（W11-N）			
	L1-U	L2-V	L3-W	按下 SB2	压住 KM1 衔铁	按下 SB1	压住 KM2 衔铁
电阻值							

2）通电测试。

操作相应按钮，观察电器动作情况。

启动时，合上断路器 QF，引入三相电源，按下按钮 SB2，KM1 线圈得电吸合，电动机 M 启动运转。停止时，按下停止按钮 SB1，接触器 KM1 线圈断电释放，其主触头断开通入电动机定子绕组的三相交流电，此时接触器 KM2 线圈和 KT 线圈同时得电，利用 KM2 主触头的闭合把直流电通入电动机定子绕组中，进行能耗制动；延时一段时间后，时间继电器 KT 整定时间到，其动断（常闭）触头断开，使 KM2 和 KT 线圈断电，制动结束。无变压器半波整流能耗制动的通电测试记录填入表 4-3-2。

表 4-3-2　无变压器半波整流能耗制动的通电测试记录

操作步骤	合上 QF	按下 SB1	按下 SB2	再次按下 SB1
电动机动作或接触器吸合情况				

技能检测

一、选择题

1. 三相异步电动机的能耗制动方法是在制动时向三相异步电动机定子绕组中通入（　　）。

A. 单相交流电源　　　　　　　　　　B. 三相交流电源

C. 直流电源　　　　　　　　　　　　D. 反相序三相交流电源

2. 三相异步电动机采用能耗制动，切断电源后，应将电动机的（　　）。

A. 转子回路串电阻　　　　　　　　　B. 定子绕组两相绕组反接

C. 转子绕组进行反接　　　　　　　　D. 定子绕组通入直流电源

3. 对于要求制动准确、平稳的场合，应采用（　　）制动。

A. 反接　　　　　　B. 能耗　　　　　　C. 电容　　　　　　D. 再生发电

4. 能耗制动适用于三相异步电动机（　　）的场合。

A. 容量较大、制动频繁　　　　　　　B. 容量较大、制动不频繁

C. 容量较小、制动频繁　　　　　　　D. 容量较小、制动不频繁

二、判断题

（　　）1. 能耗制动比反接制动所消耗的能量小，制动平稳。

（　　）2. 能耗制动的制动转矩与通入定子绕组中的直流电流成正比，因此电流越大越好。

（　　）3. 至少有两相定子绕组通入直流电源，才能实现能耗制动。

任务评价					
任务名称：			学生姓名：		
考核项目	考核要求	评分标准	配分	评估	
				实测记录	结果分值
1. 安装前检查	正确检测元件，确保良好	电器元件错检或漏检扣 5 分	5		
2. 元件安装	1. 按照接线图布置元件 2. 正确固定元件	元件布置不整齐、不匀称、不合理，安装不紧固，漏装螺钉，损坏元件，扣 5 分	5		
3. 布线	1. 按图施工 2. 合理布线 3. 规范走线，做到横平竖直、无交叉 4. 规范接线，确保无线头松动、反圈、压皮、露铜过长及绝缘层损伤的情况 5. 正确编号	1. 不按电路图接线扣 20 分 2. 布线不合理、不美观，每根扣 3 分 3. 走线不横平竖直，每根扣 3 分 4. 接点松动、露铜过长、压绝缘层、反圈等，每处扣 3 分 5. 损伤导线绝缘层或线芯扣 5 分 6. 漏套或错套编码套管扣 2 分	50		
4. 通电试车	按照要求和步骤正确调试电路	1. 第一次试车不成功扣 10 分 2. 第二次试车不成功扣 20 分 3. 第三次试车不成功扣 30 分	30		
5. 工具使用	正确使用工具	损坏或错误使用扣 5 分	5		
6. 安全生产	注意安全，遵守操作规程	漏接接地线扣 5 分	5		
7. 时间	按规定时间操作	每超时 10 分钟扣 5 分，超出 30 分钟总评按不及格计			
总计：					

说明：

安全文明操作；工具、仪器、仪表摆放有序；工作结束后能按要求整理及打扫环境卫生；若出现安全事故，总评按不及格计。

任务总结与反思				
班级：	姓名：	学号：	分组号：	用时：

任务名称：

评价项目	评价内容	评价效果			
		非常满意	满意	基本满意	不满意
方法能力	我能够合理安排自己的日常学习生活（按时起床，着装得体，准时到达教学活动场所）				
	我能够对所学知识标记重点并说出关键词				
	我能够在有计划的前提下开始实操训练，并主动记录项目实施的心得体会				
社会能力	我能够与同学友好交往				
	我能够主动参与小组工作任务并真诚表达自己的观点				
	我能够真实地反馈自己的工作结果，并能主动向他人寻求必要的帮助				
专业能力	我能够看懂电气原理图、安装接线图并掌握相关知识				
	我能够正确使用电工工具和仪器、仪表				
	我清楚各操作环节的安全注意事项				

三相异步电动机电容制动和再生发电制动控制电路的设计

- 了解三相异步电动机电容制动和再生发电制动控制电路的应用。
- 掌握三相异步电动机电容制动和再生发电制动控制电路的构成和工作原理。

1. 电容制动

电容制动：当电动机切断交流电源后，立即在电动机定子绕组的出线端接入电容器来迫使电动机迅速停转。电容制动控制电路如图 4-4-1 所示。

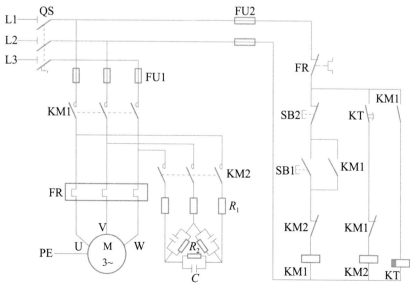

图 4-4-1　电容制动控制电路

制动原理：当旋转中的电动机断开交流电源时，转子内仍有剩磁，产生一个随转子转动的旋转磁场。这个磁场会切割定子绕组产生感应电动势，并通过电容器回路形成感应电流，该电流产生的磁场与转子绕组中的感应电流相互作用，产生一个与旋转方向相反的制动转矩，使电动机迅速停转。

工作原理如下：

（1）启动运转。

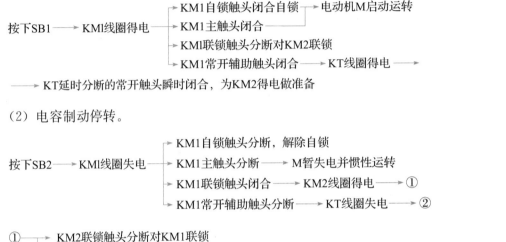

（2）电容制动停转。

控制电路中，电阻 R_1 是调节电阻，用于调节制动力矩的大小，电阻 R_2 为放电电阻。对于 380V、50Hz 的笼型异步电动机，每千瓦每相约需要电容 $150\mu F$。电容器的耐压值应不小于电动机的额定电压。

实验证明，对于 5.5kW、△形联结的三相异步电动机，无制动停车时间为 22s；采用电容制动后，停车时间仅为 1s。对于 5.5kW、Y 形联结的三相异步电动机，无制动停车时间为 36s；采用电容制动后，停车时间仅为 2s。所以说电容制动是一种制动迅速、能量损耗小、所需设备简单的制动方法，一般用于 10kW 以下的小容量电动机，特别适用于存在机械摩擦阻尼的生产机械和需要多台电动机同时制动的场合。

2. 回馈制动（再生发电制动）

当起重机从高处下放重物时，电动机转速 n 小于同步转速 n_1，这时电动机处于电动运行状态，转子相对于旋转磁场切割磁感线的运动方向发生了改变，其转子电流和电磁转矩的方向都与电动运行时相反。发电制动原理图如图 4 - 4 - 2 所示。

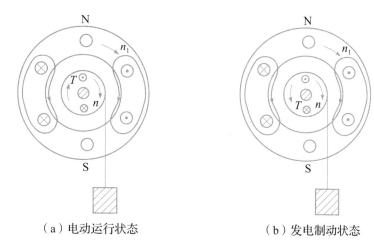

（a）电动运行状态　　　　　　　（b）发电制动状态

图 4-4-2　发电制动原理图

再生发电制动是一种比较经济的制动方法，制动时不需要改变电路即可从电动运行状态自动转入发电制动状态，把机械能转换成电能，再回馈电网，节能效果显著。缺点是应用范围较窄，仅当电动机转速大于同步转速时才能实现发电制动。常用于位能负载作用下的起重机械和多速异步电动机由高速转为低速的情况。

三相异步电动机调速控制电路的 设计、安装与检修

项目概述

本项目以三相异步电动机调速控制电路的设计、安装与检修为例，介绍调速控制所需的低压电器的结构、工作原理及应用；调速控制电气控制电路的设计、安装、调试与检修；调速控制电气原理图的识读和绘制方法；调速控制电路的故障检修方法等。

通过对本项目的学习，同学们将能够正确设计、安装和调试三相异步电动机调速控制电路；能够正确使用相关仪器仪表对三相异步电动机调速控制电路进行检测；能够正确排除三相异步电动机调速控制电路的典型故障。

本项目学习过程：认识元器件→识读电路图→识读接线图→检测元件→配线安装→自检→通电测试→故障排除。

职业素养

● 培养分析问题、解决问题的能力，勇于创新、敬业乐业，团结协作，合理分工，互相帮助，协作完成工作任务。

● 树立正确的意识形态，注重对思想素质、马克思主义精神、社会主义核心价值观的培养。

● 在学习和实践中领会企业的6S制度（整理、整顿、清扫、清洁、素养、安全）。

任务 1 变极调速中双速电动机控制电路的设计、安装与检修

知识目标

● 熟悉双速电动机定子绕组的连接方式。

● 了解双速电动机的变极调速原理。

● 掌握变极调速中双速电动机控制电路的构成和工作原理。

技能目标

● 能够绘制变极调速中双速电动机控制电路的电气安装接线图。

● 能够根据电气原理图和安装接线图完成变极调速中双速电动机控制电路的安装及电气控制电路的调试。

实训任务

在实训设备上,根据电气原理图和安装接线图完成变极调速中双速电动机控制电路的安装及调试。

具体流程如下:

(1) 按照电气原理图绘制安装接线图。

(2) 向小组成员及授课教师展示结果并确定正确与否。

(3) 根据绘制好的安装接线图进行装接。

(4) 自检、交验、通电试车并进行自我评估。

 任务准备

（1）按照要求穿着工装进入实训室。

（2）领取实训所需的电工工具、仪器、仪表。

（3）识读变极调速中双速电动机控制电路的电气原理图。

（4）配齐所需元器件并进行安装前检查。

（5）按照安装接线图要求，进行元器件安装、接线及电气控制电路的调试。

 知识学习

电动机调速是指在电动机负载状况不变的情况下，调节电动机转子的转速。对于三相异步交流电动机，其转子转速的计算公式为：

$$n = n_0(1-s) = \frac{60f}{p}(1-s)$$

式中　　n——转子转速；

　　　　n_0——定子旋转磁场的转速；

　　　　s——转差率，即转子转速落后定子旋转磁场转速的比率；

　　　　f——加在定子绕组上的电源频率；

　　　　p——定子绕组的磁极对数，即磁极数的 1/2。

可以看出，改变异步电动机转速可通过 3 种方法来实现：

（1）变极调速：通过改变磁极对数来调节转子转速，通常通过改变定子绕组的接线方式来实现。

（2）变频调速：通过改变加在定子绕组上的电源频率来调节转子转速，通常通过变频器来实现。

（3）变转差率调速：通过改变电动机的转差率来调节转子转速，如绕线转子异步电动机常用的转子回路串电阻调速、串级调速，轻载电动机常用的变压调速等。

双速电动机的调速原理如下：

电动机的单相定子绕组可采用多个绕组组合的形式，以使其具有多个磁极（2、4、6、8……）。改变绕组之间的连接方式，即可改变定子绕组的磁极对数，从而使电动机具有多挡运行速度。这种磁极对数可变的电动机称为多速电动机。常见的多速电动机有 4/2 极双速电动机、6/4 极双速电动机、8/4 极双速电动机、8/6/4 极三速电动机、12/8/6/4 极四速电动机等。常见的双速电动机的外形如图 5-1-1 所示。

（a）YD系列双速电动机　（b）干洗机专用双速电动机　（c）洗衣机用双速电动机

图 5-1-1　常见的双速电动机的外形

1. 双速电动机定子绕组的连接

双速电动机定子绕组的△/YY 接线图如图 5-1-2 所示。

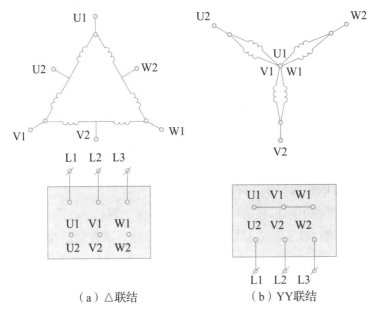

（a）△联结　　　　　　　　　　（b）YY联结

图 5-1-2　双速电动机定子绕组的△/YY 接线图

△/YY 接线方式下，定子绕组接成△形，3 根电源线接在接线端 U1、V1、W1，从每相绕组的中点引出接线端 U2、V2、W2，这样，定子绕组共有 6 个出线端，改变 6 个出线端与电源的连接方式就可以得到不同的转速。

图 5-1-2（a）将 U1、V1、W1 端接三相电源，将 U2、V2、W2 端悬空，三相定子绕组接成三角形。这时每一相的两个半绕组串联，电动机以四极运行，为低速。

图 5-1-2（b）将 U2、V2、W2 端接三相电源，将 U1、V1、W1 连成一点，三相定子绕组接成双星形。这时每一相的两个半绕组并联，电动机以两极运行，为高速。

注意：双速电动机定子绕组从一种联结变为另一种联结时，必须把电源相序反接，以保证电动机的旋转方向不变。

2. 接触器控制双速电动机的控制电路

接触器控制双速电动机的电路图如图 5-1-3 所示。

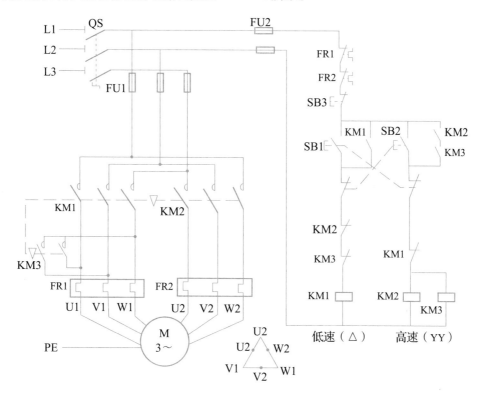

图 5-1-3 接触器控制双速电动机的电路图

工作原理如下：

（1）△形低速启动运转。

（2）YY 形高速启动运转。

（3）按下按钮 SB3 即可停止。

在图 5-1-3 所示的双速电动机的电路图中，双速电动机为 4/2 极△/YY 联结。主电路中，当接触器 KM1 主触头闭合，KM2、KM3 主触头断开时，三相电源从接线端 U1、V1、W1 进入双速电动机定子绕组中，双速电动机绕组呈△形联结，以 4 极运行，为低速。而当接触器 KM1 主触头断开，KM2、KM3 主触头闭合时，三相电源从接线端 U2、V2、W2 进入双速电动机定子绕组中，双速电动机定子绕组呈 YY 形联结，以 2 极运行，为高速。即 SB1、KM1 控制双速电动机低速运行；SB2、KM2、KM3 控制双速电动机高速运行。

3. 时间继电器控制双速电动机的控制电路

按钮和时间继电器控制双速电动机低速启动、高速运行的电路如图 5-1-4 所示。

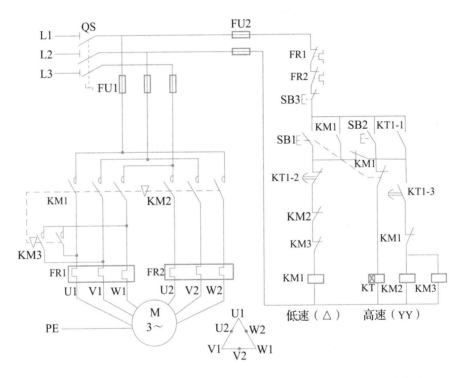

图 5-1-4　按钮和时间继电器控制双速电动机低速启动、高速运行的电路

工作原理如下：

（1）△形低速启动运转。

（2）YY 形高速启动运转。

按下SB2 ——→ KT线圈得电 ——→ KT-1常开触头瞬时闭合自锁

经KT整定时间 ┬→ KT-2先分断 ——→ KM1线圈失电 ┬→ KM1自锁触头分断，解除自锁
　　　　　　　　　　　　　　　　　　　　　　　├→ KM1主触头分断
　　　　　　　└→ KT-3后闭合 ─────────────────┴→ KM1联锁触头闭合

┗→ KM2、KM3线圈同时得电 ┬→ KM2、KM3主触头闭合 ——→ 电动机M接成YY形高速启动运转
　　　　　　　　　　　　　　└→ KM2、KM3联锁触头分断对KM1联锁

（3）按下按钮 SB3 即可停止。

任务实施

在实训设备上，按照控制要求完成元器件测试、安装与硬件接线（图 5-1-5），检查电路并进行故障排除。在明确实训任务的基础上，分析变极调速中双速电动机控制电路的电气原理图（图 5-1-6）。

1. 安装

（1）布线。

一般从电源端开始按线号顺序接线，先接主电路，后接控制电路。选择适当的导线截面，截取合适长度，剥去两端绝缘外皮。

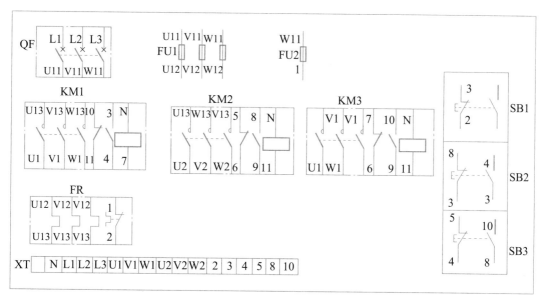

图 5-1-5　安装接线图

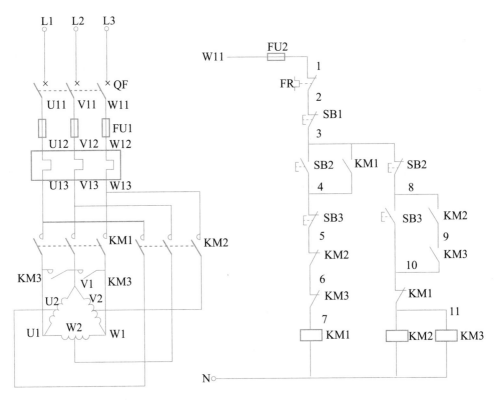

图 5 - 1 - 6　电气原理图

按照安装接线图进行板前明线布线，工艺要求如下：

1）布线通道尽可能少，同路并行导线按主电路、控制电路分类集中，单层密排，紧贴安装面布线。

2）同一平面的导线应高低一致或前后一致，走线合理，不能交叉或架空。

3）对螺栓式接线端子，导线连接时应打钩圈，并按顺时针旋转；对瓦片式接线端子，导线连接时直线插入接线端子固定即可。导线连接不能压绝缘层，也不能露铜过长。

4）布线应横平竖直，分布均匀，变换走向时应垂直。

5）布线时严禁损伤线芯和导线绝缘层。

6）所有从一个接线端子（或接线桩）到另一个接线端子的导线必须完整，中间无接头。

7）一个元器件接线端子上的连接导线不得多于两根，每节接线端子板上的连接导线一般只允许连接一根。

8）进出线应合理汇集在端子板上。

（2）检查布线。

根据安装接线图检查控制板布线是否正确。

（3）安装电动机。

根据安装接线图安装电动机。

（4）安装接线注意事项。

1）接线时注意主电路中接触器 KM1、KM2 在两种转速下电源相序的改变，不能接错，否则两种转速下电动机的转向相反，换向时会产生很大的冲击电流。

2）主电路接线时，要看清楚电动机出线端的标记，掌握接线要点：控制双速电动机△形联结的接触器 KM1 和 YY 形联结的接触器 KM2 的主触头与电动机连接线不能对换，否则不但无法实现双速控制要求，还会在 YY 形联结运行时导致电源短路事故。

3）通电测试前，要反复检验电动机的接线是否正确，并测试绝缘电阻是否符合要求。

4）热继电器的整定电流不要设定错，其在主电路中的接线不要接错。

5）电动机外壳必须可靠接 PE（保护接地）线。

6）通电试车时，必须有指导教师在现场监护，同时做到安全文明生产。

2. 自检和电路测试

安装完毕的控制电路板，必须认真检查后才允许通电试车，以防止错接、漏接造成不能正常运转的情况或引发短路事故。

（1）按电路图或接线图从电源端开始，逐段核对接线及接线端子处线号是否正确，有无漏接、错接之处，检查导线接点是否符合要求，压接是否牢固。确保接触良好。

（2）用万用表检查电路的通断情况。

1）不通电测试。

主电路检查（可断开控制电路）：取下 FU2 熔体，装好 FU1 熔体，断开控制电路。

△形联结低速运行主电路：按下接触器 KM1 的衔铁，用万用表分别测量断路器 QF 下端 U11～V11、U11～W11、V11～W11 之间的电阻值，应分别为电动机 U1～V1、U1～W1、V1～W1 相绕组的电阻值。松开接触器 KM1 的衔铁，万用表应显示由通到断。

YY 形联结高速运行主电路：按下接触器 KM2 的衔铁，用万用表分别测量断路器 QF 下端 U11～V11、U11～W11、V11～W11 之间的电阻值，应分别为电动机 U2～W2、U2～V2、W2～V2 相绕组的电阻值。松开接触器 KM2 的衔铁，万用表应显示由通到断。

控制电路检查（可断开主电路）：取下 FU1 熔体，装好 FU2 熔体，选用倍率合适的电阻挡，将万用表表笔分别接到 W11 与 N 上。

△形联结低速运行控制电路：按下低速运行启动按钮 SB2，读数应为接触器 KM1 线圈电阻值；松开按钮 SB2，测得结果为断路。按下接触器 KM1 的衔铁，读数应为 KM1 线圈电阻值；松开接触器 KM1 的衔铁，测得结果为断路。

YY 形联结高速运行控制电路：按下高速运行启动按钮 SB3，读数应为接触器 KM2、KM3 线圈电阻值（并联值）；松开按钮 SB3，测得结果为断路。按下接触器 KM2、KM3 的衔铁，读数应为 KM2、KM3 线圈电阻值；松开接触器 KM2、KM3 的衔铁，测得结果为断路。

联锁电路检查：按下按钮 SB2，测出接触器 KM1 线圈电阻值的同时，按下接触器 KM2 或 KM3 的衔铁使其动断（常闭）触头分断，万用表应显示电路由通而断；按下按钮

SB3，测出接触器 KM2 和 KM3 线圈并联电阻值的同时，按下接触器 KM1 的衔铁使其动断（常闭）触头分断，万用表应显示电路由通而断。按钮切换的双速电动机的不通电测试记录填入表 5-1-1。

表 5-1-1　按钮切换的双速电动机的不通电测试记录

项目	主电路						控制电路（W11-N）			
操作步骤	压住 KM1 衔铁			压住 KM2 衔铁			按下 SB2	压住 KM1 衔铁	按下 SB3	同时压住 KM2、KM3 衔铁
电阻值	U11-V11	U11-W11	V11-W11	U11-V11	U11-W11	V11-W11				

2）通电测试。

检查三相电源，将热继电器按电动机的额定电流整定好，在一人操作一人监护的前提下进行测试。

①空操作测试。拆除电动机定子绕组的接线，合上断路器 QF，按下低速运行启动按钮 SB2 后松开，接触器 KM1 通电应动作，并保持吸合状态。按下高速运行启动按钮 SB3，接触器 KM1 应立即释放，接触器 KM2 和 KM3 通电应立即动作，并保持吸合状态。按下停止按钮 SB1，KM2 和 KM3 应立即断电释放。重复操作几次，检查电路动作的可靠性。

②带负载测试。断开电源，接上电动机定子绕组，合上断路器 QF，按下低速启动按钮 SB2，观察电动机启动运行情况，此时电动机低速启动运行；按下高速启动按钮 SB3，此时电动机从低速启动运行切换到高速运行。按下停止按钮 SB1，电动机停止工作。

按钮切换的双速电动机的通电测试记录填入表 5-1-2。

表 5-1-2　按钮切换的双速电动机的通电测试记录

操作步骤	合上 QF	按下 SB1	按下 SB2	按下 SB3	再次按下 SB1
电动机动作或接触器吸合情况					

 技能检测

简答题

1. 三相交流异步电动机的调速方法有哪 3 种？笼型异步电动机的变极调速是如何实现的？

2. 写出三相异步电动机的转速计算公式。

3. 双速电动机定子绕组共有几个出线端？

任务评价					
任务名称：			学生姓名：		
考核项目	考核要求	评分标准	配分	评估	
				实测记录	结果分值
1. 安装前检查	正确检测元件，确保良好	电器元件错检或漏检扣5分	5		
2. 元件安装	1. 按照接线图布置元件 2. 正确固定元件	元件布置不整齐、不匀称、不合理，安装不紧固，漏装螺钉，损坏元件，扣5分	5		
3. 布线	1. 按图施工 2. 合理布线 3. 规范走线，做到横平竖直、无交叉 4. 规范接线，确保无线头松动、反圈、压皮、露铜过长及绝缘层损伤的情况 5. 正确编号	1. 不按电路图接线扣20分 2. 布线不合理、不美观，每根扣3分 3. 走线不横平竖直，每根扣3分 4. 接点松动、露铜过长、压绝缘层、反圈等，每处扣3分 5. 损伤导线绝缘层或线芯扣5分 6. 漏套或错套编码套管扣2分	50		
4. 通电试车	按照要求和步骤正确调试电路	1. 第一次试车不成功扣10分 2. 第二次试车不成功扣20分 3. 第三次试车不成功扣30分	30		
5. 工具使用	正确使用工具	损坏或错误使用扣5分	5		
6. 安全生产	注意安全，遵守操作规程	漏接接地线扣5分	5		
7. 时间	按规定时间操作	每超时10分钟扣5分，超出30分钟总评按不及格计			

总计：

说明：

安全文明操作；工具、仪器、仪表摆放有序；工作结束后能按要求整理及打扫环境卫生；若出现安全事故，总评按不及格计。

任务总结与反思				
班级：	姓名：	学号：	分组号：	用时：

任务名称：

评价项目	评价内容	评价效果			
		非常满意	满意	基本满意	不满意
方法能力	我能够合理安排自己的日常学习生活（按时起床，着装得体，准时到达教学活动场所）				
	我能够对所学知识标记重点并说出关键词				
	我能够在有计划的前提下开始实操训练，并主动记录项目实施的心得体会				
社会能力	我能够与同学友好交往				
	我能够主动参与小组工作任务并真诚表达自己的观点				
	我能够真实地反馈自己的工作结果，并能主动向他人寻求必要的帮助				
专业能力	我能够看懂电气原理图、安装接线图并掌握相关知识				
	我能够正确使用电工工具和仪器、仪表				
	我清楚各操作环节的安全注意事项				

变极调速中三速异步电动机控制电路的设计

知识目标

- 熟悉三速异步电动机定子绕组的连接方式。
- 掌握三速异步电动机控制电路的构成和工作原理。

知识学习

1. 三速异步电动机定子绕组的连接

三速异步电动机是在双速异步电动机的基础上发展起来的。它有两套定子绕组，分两层安放在定子槽内，第一套绕组（双速）有 7 个出线端 U1、VI、W1、U3、U2、V2、W2，可作△形或 YY 形联结；第二套绕组（单速）有 3 个出线端 U4、V4、W4，只作 Y 形联结，如图 5-2-1 所示。

2. 三速异步电动机的控制电路

三速异步电动机可提供 3 种不同的转速，即低速、中速、高速。当电动机绕组接成 Y 形时，电动机中速运行。当另一套定子绕组接成△形时，电动机低速运行；接成 YY 形时，电动机高速运行。三速异步电动机接触器-继电器控制电路原理图如图 5-2-2 所示。

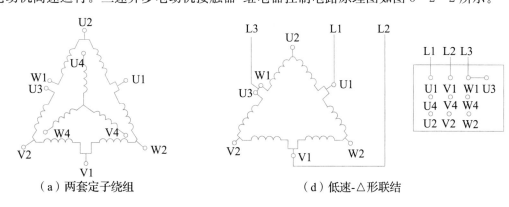

（a）两套定子绕组　　　　　　　　　　（d）低速-△形联结

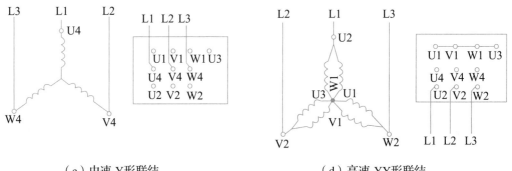

（c）中速-Y形联结　　　　　　　　　（d）高速-YY形联结

图 5-2-1　三速异步电动机定子绕组的连接

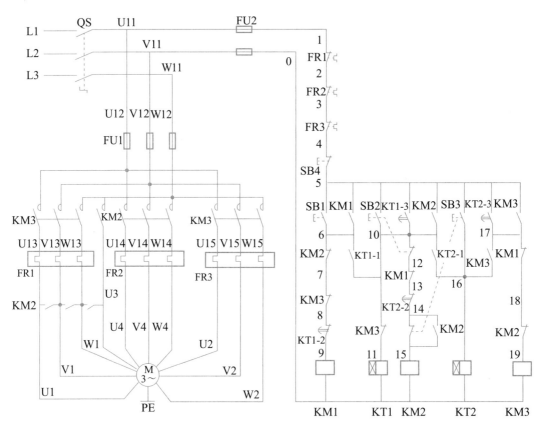

图 5-2-2　三速异步电动机接触器-继电器控制电路原理图

电动机 M 低速运行时，按下启动按钮 SB1，接触器 KM1 通电闭合，电动机定子绕组接成△形低速启动运行；电动机 M 中速运行时，按下中速启动按钮 SB2，接触器 KM1 首先闭合，电动机 M 低速启动，经过一定时间后，接触器 KM1 失电释放，接触器 KM2 通电闭合，电动机定子绕组接成 Y 形中速运行；电动机 M 高速运行时，按下高速启动按钮 SB3，接触器 KM1 通电闭合，电动机 M 低速启动，经过一定时间后，接触器 KM1 失电释放，接触器 KM2 通电闭合，电动机中速启动，又经过一定时间后，接触器 KM2 失电释放，接触器 KM3 通电闭合，电动机 M 定子绕组接成 YY 形高速运行。

工作原理如下：

（1）△形低速启动运行。

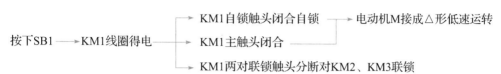

（2）△形低速启动，Y 形中速运行。

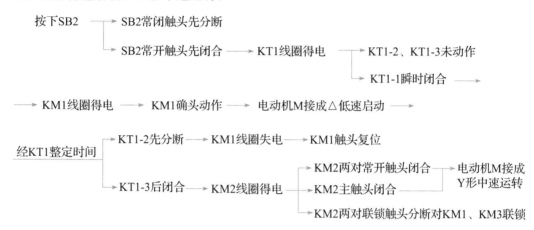

（3）△形低速启动，Y 形中速运行，YY 形高速运行。

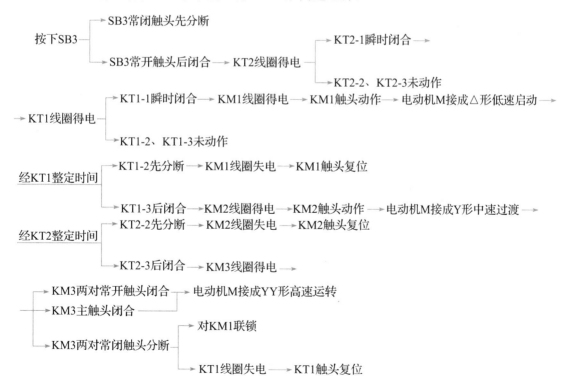

典型设备电气控制电路分析及故障检修

项目概述

本项目结合典型设备电气控制电路，介绍机床电气控制系统的结构、工作原理及应用；机床电气控制系统的设计、安装与检修；机床常见故障的维修和保养方法等。

通过对本项目的学习，同学们将能够正确设计、安装和调试典型机床电气控制系统；能够对典型机床电气控制系统的故障进行诊断和维修。

本项目学习过程：认识元器件→识读电路图→识读接线图→检测元件→配线安装→自检→通电测试→故障排除。

职业素养

● 培养学习能力、分析问题和解决问题的能力、团结协作能力、协调能力、创新思维能力等。

● 在学习职业技能的过程中，大力弘扬工匠精神，精益求精，至善至美，不断创新。

● 在学习和实践中领会企业的 6S 制度（整理、整顿、清扫、清洁、素养、安全）。

任务 1
车床电气控制电路分析及故障检修

知识目标

- 了解车床电气控制电路的运动形式及控制要求。
- 掌握车床电气控制电路的构成和工作原理。

技能目标

- 能够识读车床电气控制电路图。
- 能够根据低压电器的工作状态分析车床电气控制电路系统的运行情况。
- 能够分析与排除 CA6140 型卧式车床控制系统的常见故障。

实训任务

在实训设备上，根据电气原理图完成车床电气控制电路常见故障的排除。

具体流程如下：

（1）根据电气原理图分析电路工作原理。

（2）人为设置 1～2 个故障，分组进行故障检查与排除练习。

（3）检修时，严禁扩大故障范围或制造新的故障。

（4）带电检修时，必须有指导教师监护，以确保安全。

任务准备

（1）按照要求穿着工装进入实训室。

（2）领取实训所需的电工工具、仪器、仪表。

（3）识读车床电气控制电路的电气原理图。

（4）按照电气原理图要求，完成车床电气控制电路1～2个故障的排除。

 知识学习

1. 机床电气控制系统的分析方法及步骤

（1）了解金属切削机床的主要技术性能，及其机械、液压、电气等部分的作用及工作原理。

（2）分析机床的运动模式、各运动执行元件的运动性质、规律，了解实际生产对这些运动属性的控制要求。

（3）根据运动要求，对电气控制系统的主电路进行分析，包括用电设备的数量、电路的连接情况、各触头及保护环节的作用与功能等。

（4）进行控制电路分析时，可先将整个控制电路按功能不同分成若干局部控制电路，逐一分析，同时注意各局部电路之间的联锁与互锁关系，然后再统观整个电路，进行整体分析。

2. CA6140 型卧式车床

车床是一种应用极为广泛的金属切削机床，能够车削外圆、内圆、端面、螺纹、螺杆以及定型表面等。

卧式车床可完成两种主要运动：一是卡盘或顶尖带动工件的旋转运动；另一个是溜板带动刀架的纵向或横向直线运动，称为进给运动。

车床的辅助运动：刀架的快速进给与快速退回，尾座的移动与工件的夹紧、松开等。

（1）型号的含义。

CA6140 型卧式车床型号的含义如图 6-1-1 所示。

图 6-1-1 CA6140 型卧式车床型号的含义

（2）主要结构及运动形式。

CA6140 型卧式车床的外形如图 6-1-2 所示，主要由床身、主轴箱、进给箱、溜板箱、方刀架、丝扛、光杠、尾架等部分组成。

进行切削加工时，为了获得所需的工件表面形状，必须使刀具和工件按照一定的规律运动，以确保刀具和工件之间具有正确的相对运动。

车床的主运动是主轴带动工件的旋转运动。

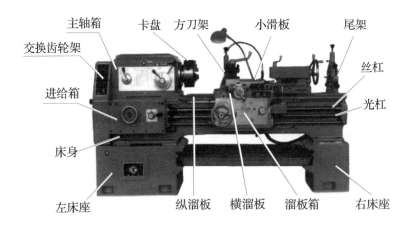

图 6-1-2 CA6140 型卧式车床的外形

车床的进给运动是刀架带动刀具的直线运动。

车床的辅助运动是车床上除切削运动以外的其他一切必要的运动，如尾架的纵向移动、工件的夹紧与放松等。

（3）电力拖动的特点及控制要求。

1）主拖动电动机一般选用三相笼型异步电动机，不进行电气调速。

2）采用齿轮箱进行机械有级调速。为减小振动，主拖动电动机通过几条 V 带将动力传递到主轴箱。

3）在车削螺纹时，要求主轴能够实现正反转，通过主拖动电动机正反转或机械方式来实现。

4）主拖动电动机的启动、停止采用按钮操作。

5）刀架移动和主轴转动有固定的比例关系，以便满足对螺纹的加工需要。

6）车削加工时，由于刀具及工作温度过高，有时需要冷却，因此应该配有冷却泵电动机，且要求在主拖动电动机启动后，方可决定冷却泵开动与否，而当主拖动电动机停止时，冷却泵应立即停止。

7）必须有过载、短路、欠压、失压保护。

8）具有安全的局部照明装置。

3. 车床的电气故障检修

（1）检修前的故障调查。

电气设备发生故障后，切忌盲目动手检修。检修前，一般应通过"问""看""听""摸""闻"等方法了解故障发生前后的操作情况和故障发生后出现的现象，以便判断故障发生的部位。

（2）确定故障范围。

根据电气设备的工作原理和故障现象，采用逻辑分析、结合外观检查、通电试验等方法确定故障范围。

（3）找出故障点。

可通过断电检查和通电检查的方法找出故障点。一般情况下，应先进行断电检查，若未找到故障点，再进行通电检查。

断电检查：在机床断电状态下，对故障范围内的电路及元器件进行检查，查看导线及元器件是否损坏，熔断器是否熔断，以及相关电路连接是否松脱、接触不良等；检查按钮、低压断路器、接触器、继电器的动作是否正常；检查电动机及控制电路的绝缘是否正常；检查机床的运动部件是否正常，各密封部件是否密封良好。

通电检查：在不损坏机床电气设备和机械设备的前提下，对故障范围内的电路及元器件进行通电检查，查看各运动部件是否正常动作，检测各元器件的电压、电流、温升等参数是否符合要求。

（4）修复故障点。

针对不同的故障情况和故障部位，应采用合适的方法进行修复；对于不能修复的元器件，应予以更换。更换时应尽量使用规格、型号相同的元器件，并进行性能检测，确认性能完好后方可更换。

（5）通电试车。

故障修复后，应重新通电试车，检查故障现象是否消失，生产机械的各项操作是否符合技术要求。具体操作如下：

当需要打开配电盘壁龛门进行检修时，将 SQ2 开关的传动杆拉出，断路器 QF 仍可合上，关上壁龛门后，将 SQ2 开关复原，恢复保护作用。

1）主轴电动机 M1 不能启动的检修。

第一步：检查接触器 KM 是否吸合，如果接触器 KM 吸合，则故障必然发生在电源电路和主电路上。可按下列步骤检修：

①合上断路器 QF，用万用表测量接触器受电端 U11、V11、W11 点之间的电压，如果电压是 380V，则电源电路正常。当测量到 U11 与 W11 之间无电压时，再测量 U11 与 W10 之间有无电压，如果无电压，则 FU（L3）熔断或连线断路；否则，故障为断路器 QF（L3）接触不良或连线断路。

修复措施：查明损坏原因，更换相同规格和型号的熔体、断路器及连线。

②断开断路器 QF，用万用表电阻 R×1 挡测量接触器输出端 U12、V12、W12 之间的电阻值，如果阻值较小且相等，说明所测电路正常；否则，依次检查热继电器 FR1、电动机 M1 以及它们之间的连线。

修复措施：查明损坏原因，修复或更换相同规格和型号的热继电器 FR1、电动机 M1 以及它们之间的连线。

③检查接触器 KM 主触头是否良好，如果接触不良或烧毁，则更换动、静触头或相同规格的接触器。

④检查电动机机械部分是否良好，如果电动机内部轴承等损坏，应更换轴承；如果外部机械有问题，可配合机修钳工进行维修。

第二步：若接触器 KM 不吸合，可按下列步骤检修：

首先检查 KA2 是否能吸合，若吸合，说明 KM 和 KA2 的公共控制电路部分（0－1－2－4－5）正常，故障范围在 KM 线圈部分支路（5－6－7－0）；若 KA2 不能吸合，就要检查照明灯和信号灯是否亮，若照明灯和信号灯亮，说明故障范围在控制电路上。若灯 HL、EL 都不亮，说明电源部分有故障，但不能排除控制电路有故障。下面用电压分段测量法检修如图 6－1－3 所示的故障电路。电压分段测量法检修故障记录见表 6－1－1。

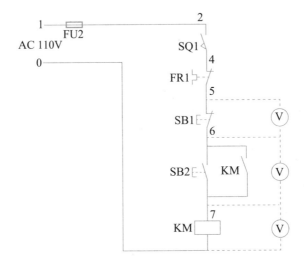

图 6－1－3 故障电路

表 6－1－1 电压分段测量法检修故障记录

故障现象	测量状态	5－6	6－7	7－0	故障点	排除
按下按钮 SB2 时 KM 不吸合，按下按钮 SB3 时 KA2 吸合	按下按钮 SB2 不放	110V	0	0	按钮 SB1 接触不良或接线脱落	更换按钮 SB1 或将脱落线接好
		0	110V	0	按钮 SB2 接触不良或接线脱落	更换按钮 SB2 或将脱落线接好
		0	0	110V	KM 线圈开路或接线脱落	更换同型号线圈或将脱落线接好

2）主轴电动机 M1 启动后不能自锁的检修。

当按下启动按钮 SB2 时，主轴电动机能启动运转，但松开 SB2 后，M1 随之停止。导致这种故障的原因是接触器 KM 的自锁触头接触不良或连接线松脱。

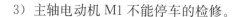

3）主轴电动机 M1 不能停车的检修。

导致这种故障的原因多是接触器 KM 的主触头熔焊；停止按钮 SB1 击穿或电路中 5、6 两点连接线短路；接触器铁芯表面粘牢污垢。可采用下列方法判明是哪种原因造成电动机 M1 不能停车：若断开 QF，接触器 KM 释放，则说明故障为按钮 SB1 击穿或电路连接线短路；若接触器过一段时间释放，则故障为铁芯表面粘牢污垢；若断开 QF，接触器 KM 不释放，则故障为主触头熔焊。根据具体故障采取相应措施修复。

4）主轴电动机在运行中突然停车的检修。

导致这种故障的主要原因是热继电器 FR1 动作。发生故障后，一定要找出热继电器 FR1 动作的原因，排除后才能使其复位。引起热继电器 FR1 动作的原因可能是三相电源电压不平衡；电源电压较长时间过低；负载过重以及 M1 的连接导线接触不良等。

5）刀架快速移动电动机不能启动的检修。

首先检查 FU1 熔体是否熔断，其次检查中间继电器 KA2 触头的接触器是否良好，若无异常或按下按钮 SB3 时继电器 KA2 不吸合，则故障必定在控制电路中。这时依次检查 FR1 的常闭触头、点动按钮 SB3 及继电器 KA2 的线圈是否有断路现象即可。

（6）注意事项。

1）熟悉 CA6140 型卧式车床电气控制电路的基本环节及控制要求，认真观摩教师示范检修。

2）检修所用工具、仪表应符合使用要求。

3）排除故障时，必须修复故障点，不得采用元件代换法。

4）检修时，严禁扩大故障范围或制造新的故障。

5）带电检修时，必须有指导教师监护，以确保安全。

4. CA6140 型卧式车床电路分析

在明确实训任务的基础上，分析如图 6－1－4 所示的车床电气控制电路的电气原理图。

（1）主电路分析。

主电路共有 3 台电动机：M1 为主轴电动机，带动主轴旋转、带动刀架做进给运动；M2 为冷却泵电动机，用于输送切削液；M3 为刀架快速移动电动机。

将钥匙开关 SB 向右旋转，再扳动断路器 QF 将三相电源引入。主轴电动机 M1 由接触器 KM 控制，热继电器 FR1 作过载保护，熔断器 FU 作短路保护，接触器 KM 作失电压和欠电压保护。冷却泵电动机 M2 由中间继电器 KA2 控制，热继电器 FR2 作为它的过载保护。刀架快速移动电动机 M3 由中间继电器 KA2 控制，由于是点动控制，故未设过载保护。FU1 作为冷却泵电动机 M2、快速移动电动机 M3、控制变压器 TC 的短路保护。

（2）控制电路分析。

控制电路的电源由控制变压器 TC 二次侧输出 110V 电压提供。在正常工作时，位置开关 SQ1 的常开触头闭合，打开床头皮带罩后，SQ1 断开，切断控制电路电源，以保证人身

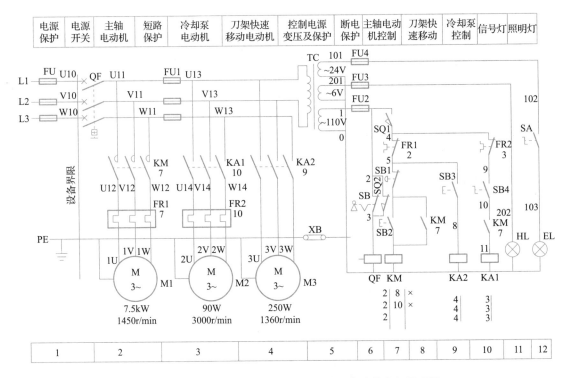

图 6-1-4　CA6140 型卧式车床电气控制电路的电气原理图

安全。钥匙开关 SB 和位置开关 SQ2 在正常工作时是断开的，QF 线圈不通电，断路器 QF 能合闸。打开配电盘壁龛门时，SQ2 闭合，QF 线圈得电，断路器 QF 自动断开。

1）主轴电动机 M1 的控制。

①M1 启动。

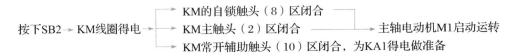

②M1 停止。

按下 SB1→KM 线圈失电→KM 所有触头复位→M1 失电停止

主轴的正反转是通过多片摩擦离合器实现的。

2）冷却泵电动机 M2 的控制。

由于主轴电动机 M1 和冷却泵电动机 M2 在控制电路中采用顺序控制，因此只有当主轴电动机 M1 启动后，即 KM 常开辅助触头（10）区闭合，合上旋钮开关 SB4，冷却泵电动机 M2 才可能启动。当 M1 停止运行时，M2 自行停止。

3）刀架快速移动电动机 M3 的控制。

刀架快速移动电动机 M3 的启动是由安装在进给操作手柄顶端的按钮 SB3 控制的，它与中间继电器 KA2 组成点动控制电路。刀架移动方向（前、后、左、右）的改变是通过进给操作手柄配合机械装置实现的。如需快速移动，按下按钮 SB3 即可。

（3）照明、信号电路分析。

控制变压器 TC 二次侧分别输出 24V 和 6V 电压，作为车床照明灯和信号灯电路的电源。EL 作为车床的低压照明灯，由开关 SA 控制；HL 为电源信号灯。FU4 和 FU3 分别提供短路保护。

任务实施

人为设置 1～2 个故障，学生分组进行故障检查与排除练习。

1. 故障现象

针对下列故障现象分析故障范围，按照规范的检修步骤排除故障。

（1）按下按钮 SB2 后主轴不能启动。

（2）主轴运行后转动按钮 SB4，无切削液流出（切削液箱有切削液，且冷却泵运转正常；需要考虑冷却泵的旋转方向）。

（3）按下按钮 SB2 后主轴点动运行。

（4）机床照明灯不亮。

2. 检修步骤及工艺要求

（1）在教师指导下对车床进行操作。

（2）熟悉车床各元器件的位置及电路走向。

（3）观察、理解教师示范的检修流程。

（4）在车床上人为设置自然故障。故障的设置应注意以下几点：

1）人为设置的故障必须是车床在工作中受外界因素影响而导致的自然故障。

2）不能通过更改电路或更换元器件等设置非自然故障。

3）设置故障时不能损坏电路元器件，不能破坏电路美观；不能设置易造成人身事故的故障；尽量不设置易导致设备事故的故障。

技能检测

一、填空题

1. CA6140 型卧式车床采用（　　　）调速，为了减小振动，通过（　　　）传动。

2. CA6140 型卧式车床电动机没有反转控制，而主轴有反转要求，这是靠（　　　）实现的。

3. CA6140 型卧式车床主轴电动机采用（　　　）启动和（　　　）制动。

4. CA6140 型卧式车床通过（　　）来进行螺纹车削。

5. CA6140 型卧式车床的运动形式包括（　　）（　　）。

二、选择题

1. CA6140 型卧式车床的主轴不启动，当按下启动按钮时，听到接触器的吸合声，故障最可能出现在（　　）。

　　A. 主电路　　　　　　　B. 控制电路　　　　　C. 照明电路

2. 从（　　）方面考虑，CA6140 型卧式车床应选用笼型三相异步电动机，不进行电气调速。

　　A. 经济性，可靠性　　　　　　　　　　B. 可行性

　　C. 安全性

3. CA6140 型卧式车床主电动机若有一相断开，会发出嗡嗡声，转矩下降，可能（　　）。

　　A. 烧毁电动机　　　B. 烧毁控制电路　　　C. 导致电动机加速运行

4. CA6140 型卧式车床的过载保护采用（　　），短路保护采用（　　），失电压保护采用（　　）。

　　A. 接触器自锁　　　　B. 熔断器　　　　　　C. 热继电器

三、简答题

1. CA6140 型卧式车床的主轴电动机因过载而自动停车后，操作者立即按启动按钮，但电动机不能启动，试分析可能的原因。

2. CA6140 型卧式车床的主轴电动机 M1 只能点动，可能的故障原因是什么？这种情况下，冷却泵电动机能否正常工作？

考核项目	考核要求	评分标准	配分	实测记录	结果分值

任务评价

| 任务名称： | | | 学生姓名： | | |

考核项目	考核要求	评分标准	配分	评估	
				实测记录	结果分值
1. 安装前检查	正确检测元件，确保良好	电器元件错检或漏检扣 5 分	5		
2. 元件安装	1. 按照接线图布置元件 2. 正确固定元件	元件布置不整齐、不匀称、不合理，安装不紧固，漏装螺钉，损坏元件，扣 5 分	5		
3. 布线	1. 按图施工 2. 合理布线 3. 规范走线，做到横平竖直、无交叉 4. 规范接线，确保无线头松动、反圈、压皮、露铜过长及绝缘层损伤的情况 5. 正确编号	1. 不按电路图接线扣 20 分 2. 布线不合理、不美观，每根扣 3 分 3. 走线不横平竖直，每根扣 3 分 4. 接点松动、露铜过长、压绝缘层、反圈等，每处扣 3 分 5. 损伤导线绝缘层或线芯扣 5 分 6. 漏套或错套编码套管扣 2 分	50		
4. 通电试车	按照要求和步骤正确调试电路	1. 第一次试车不成功扣 10 分 2. 第二次试车不成功扣 20 分 3. 第三次试车不成功扣 30 分	30		
5. 工具使用	正确使用工具	损坏或错误使用扣 5 分	5		
6. 安全生产	注意安全，遵守操作规程	漏接接地线扣 5 分	5		
7. 时间	按规定时间操作	每超时 10 分钟扣 5 分，超出 30 分钟总评按不及格计			

总计：

说明：

安全文明操作；工具、仪器、仪表摆放有序；工作结束后能按要求整理及打扫环境卫生；若出现安全事故，总评按不及格计。

任务总结与反思				
班级：	姓名：	学号：	分组号：	用时：

任务名称：

评价项目	评价内容	评价效果			
		非常满意	满意	基本满意	不满意
方法能力	我能够合理安排自己的日常学习生活（按时起床，着装得体，准时到达教学活动场所）				
	我能够对所学知识标记重点并说出关键词				
	我能够在有计划的前提下开始实操训练，并主动记录项目实施的心得体会				
社会能力	我能够与同学友好交往				
	我能够主动参与小组工作任务并真诚表达自己的观点				
	我能够真实地反馈自己的工作结果，并能主动向他人寻求必要的帮助				
专业能力	我能够看懂电气原理图、安装接线图并掌握相关知识				
	我能够正确使用电工工具和仪器、仪表				
	我清楚各操作环节的安全注意事项				

铣床电气控制电路分析及故障检修

 知识目标

- 了解铣床电气控制电路的运动形式及控制要求。
- 掌握铣床电气控制电路的构成和工作原理。

 技能目标

- 能够识读铣床电气控制电路图。
- 能够根据低压电器的工作状态分析铣床电气控制电路系统的运行情况。
- 能够分析与排除 X62W 型卧式万能铣床控制系统的常见故障。

 实训任务

在实训设备上，根据电气原理图完成铣床电气控制电路常见故障的排除。

具体流程如下：

（1）按照电气原理图分析电路工作原理。

（2）人为设置 1~2 个故障，分组进行故障检查与排除练习。

（3）检修时，严禁扩大故障范围或制造新的故障。

（4）带电检修时，必须有指导教师监护，以确保安全。

 任务准备

（1）按照要求穿着工装进入实训室。

（2）领取实训所需的电工工具、仪器、仪表。

（3）识读铣床电气控制电路的电气原理图。

（4）按照电气原理图要求，完成铣床电气控制电路 1～2 个故障的排除。

 知识学习

铣床的种类很多，按照结构形式和加工性能的不同，可分为立式铣床、卧式铣床、龙门铣床、仿形铣床和专用铣床等，此外，还有万能铣床。

万能铣床是一种通用的多用途机床，它可以用圆柱铣刀、圆片铣刀、角度铣刀、成型铣刀及端面铣刀等刀具对多种零件进行平面、斜面、螺旋面及成型表面的加工，还可以加装万能铣头、分度头和圆工作台等机床附件，扩大加工范围。常用的万能铣床有两种：一种是 X62W 型卧式万能铣床，铣头水平方向放置；另一种是 X52K 型立式万能铣床，铣头垂直方向放置。这两种铣床在结构上相似，差别在于铣头的放置方向不同，而工作台的进给方式、主轴变速的工作原理等都一样，电气控制电路经过系列化以后也基本一样。

1. X62W 型卧式万能铣床型号的含义

X62W 型卧式万能铣床型号的含义如图 6-2-1 所示。

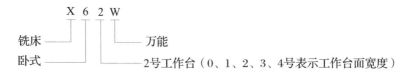

图 6-2-1　X62W 型卧式万能铣床型号的含义

2. X62W 型卧式万能铣床的主要结构及运动形式

X62W 型卧式万能铣床的外形如图 6-2-2 所示，它由床身、主轴、刀杆架、悬梁、工作台、回转盘、溜板、升降台、底座等部分组成。刀杆架可以在悬梁上水平移动，悬梁也可以在床身顶部的水平导轨上水平移动。床身的前面有垂直导轨，升降台可沿着它上下移动。升降台上面的水平导轨上装有可在与主轴轴线平行的方向移动（前后移动）的溜板。溜板上部有可转动的回转盘，工作台就在回转盘的导轨上进行与主轴轴线方向垂直的移动（左右移动）。安装在工作台上的工件就可以在 3 个坐标轴的 6 个方向调整位置或进给。工作台除了能在与主轴轴线平行或垂直的方向进给外，还能在倾斜方向进给，以便加工螺旋槽。

铣床主轴带动铣刀的旋转运动是主运动；铣床工作台的前后（横向）、左右（纵向）和上下（垂直）6 个方向的运动是进给运动；铣床其他的运动，如工作台的旋转运动则属于辅助运动。

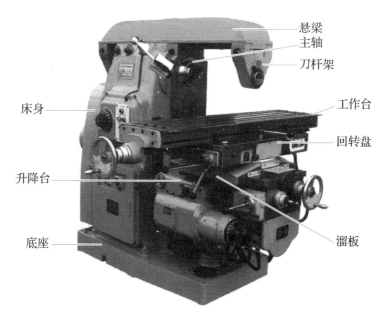

悬梁
主轴
刀杆架
工作台
回转盘
床身
升降台
溜板
底座

图 6-2-2　X62W 型卧式万能铣床的外形

3. X62W 型卧式万能铣床电力拖动的特点及控制要求

该铣床共用 3 台异步电动机拖动，分别是主轴电动机 M1、进给电动机 M2 和冷却泵电动机 M3。

（1）铣削加工有顺铣和逆铣两种加工方式，所以要求主轴电动机能正反转。

（2）铣床的工作台要进行前、后、左、右、上、下 6 个方向的进给运动和快速移动，所以也要求进给电动机能正反转，并通过操纵手柄和机械离合器相配合来实现。

（3）根据加工工艺要求，该铣床应具有以下电气联锁措施：

1）为防止刀具和铣床损坏，要求只有主轴旋转后才允许进行进给运动和进给方向的快速移动。

2）为了减小加工工件表面的粗糙度，只有在进给运动停止后主轴才能停止或同时停止。该铣床在电气上采用了主轴和进给同时停止的方式，但由于主轴运动的惯性很大，实际上就满足了进给运动先停止，主轴运动后停止的要求。

3）6 个方向的进给运动，只能同时进行一种，该铣床通过机械操纵手柄和位置开关相配合的方式实现 6 个方向的联锁。

（4）主轴运动和进给运动通过变速盘进行速度选择，为确保变速齿轮进入良好啮合状态，两种运动都要求变速后做瞬时冲动。

（5）当主轴电动机或冷却泵电动机过载时，进给运动必须立即停止，以免损坏刀具和铣床。

4. X62W 型卧式万能铣床电气控制电路分析

X62W 型卧式万能铣床的电路图如图 6-2-3 所示。

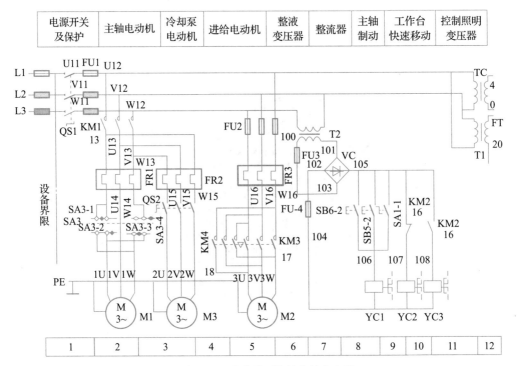

（a）X62W型卧式万能铣床的主电路

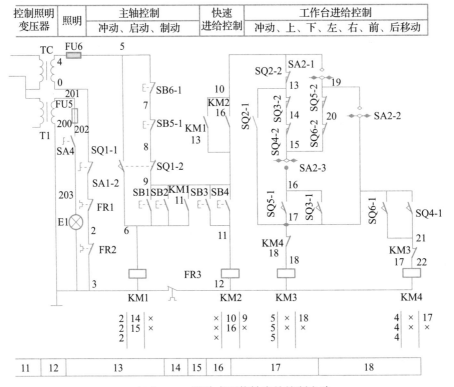

（b）X62W型卧式万能铣床的控制电路

图 6-2-3　X62W 型卧式万能铣床的电路图

该电路分为主电路、控制电路和照明电路。

（1）主电路分析。

主电路中共有 3 台电动机，其中 M1 为主轴电动机，拖动主轴带动铣刀进行铣削加工，SA3 为 M1 的换向开关；M2 为工作台进给电动机，通过操纵手柄和机械离合器的配合拖动工作台前、后、左、右、上、下 6 个方向的进给运动和快速移动，其正反转通过接触器 KM3、KM4 实现；M3 为冷却泵电动机，供应切削液，且当 M1 启动后 M3 才能启动，通过手动开关 QS2 控制；3 台电动机共用熔断器 FU1 作短路保护，3 台电动机分别用热继电器 FR1、FR2、FR3 作过载保护。

（2）控制电路分析。

控制电路的电源由控制变压器 TC 输出 110V 电压供给。

1）主轴电动机 M1 的控制。

为了方便操作，主轴电动机 M1 采用两地控制方式，两组安装在工作台上，另一组安装在床身上。SB1 和 SB2 是将两组启动按钮并联在一起，SB5 和 SB6 是将两组停止按钮串联在一起。KM1 是主轴电动机 M1 的启动接触器，YC1 是主轴制动用的离合器，SQ1 是主轴变速时瞬时点动的位置开关。主轴电动机是通过弹性联轴器和变速机构的齿轮传动链实现传动的，可使主轴具有 18 级转速（30～1500r/min）。

①主轴电动机 M1 的启动。

启动前，应先选择好主轴的转速，再合上电源开关 QS1，然后把主轴换向开关 SA3（2区）扳到所需要的转向。SA3 的位置及动作说明见表 6 - 2 - 1。按下启动按钮 SB1（或SB2），接触器 KM1 线圈得电，KM1 主触头和自锁触头闭合，主轴电动机 M1 启动运转，KM1 常开辅助触头（9 - 10）闭合，为工作台进给电路提供了电源。

表 6 - 2 - 1　主轴换向开关 SA3 的位置及动作说明

位置	正转	停转	反转
SA3 - 1	－	－	＋
SA3 - 2	＋	－	－
SA3 - 3	＋	－	－
SA3 - 4	－	－	＋

②主轴电动机 M1 的制动。

铣削完毕，需要对主轴电动机 M1 制动时，按下停止按钮 SB5（或 SB6），SB5 - 1（或SB6 - 1）常闭触头（13 区）分断，接触器 KM1 线圈失电，KM1 所有触头复位，电动机M1 断电做惯性运转，SB5 - 2（或 SB6 - 2）常开触头（8 区）闭合，接通电磁离合器 YC1，主轴电动机 M1 制动停转。

③主轴换铣刀控制。

M1 停转后并不处于制动状态，主轴仍可自由转动。在更换主轴铣刀时，为避免主轴转动，造成更换困难，应将主轴制动。

方法是将转换开关 SA1 扳向换刀位置，这时常开触头 SA1-1（8 区）闭合，电磁离合器 YC1 线圈得电，主轴处于制动状态以便换刀；同时，常闭触头 SA1-2（13 区）断开，切断了控制电路，铣床无法运行，保证了人身安全。

④主轴变速时的瞬时点动（变速冲动控制）。

主轴变速操纵箱装在床身左侧窗口上，主轴变速由一个变速手柄和一个变速盘实现。主轴变速时的冲动控制是利用变速手柄与冲动开关 SQ1 通过机械上的联动机构实现的，如图 6-2-4 所示。变速时，先把变速手柄 3 压下，使手柄的楔块从定位槽中脱出，然后向外拉动手柄使楔块落入第二道槽内，使齿轮组脱离啮合。转动变速盘 4 选定所需转速后，把手柄 3 推回原位，使楔块重新落进槽内，齿轮组重新啮合（这时已改变了传动比）。为了使齿轮啮合容易，扳动手柄复位时，电动机 M1 会产生一个冲动。在手柄 3 推进时，手柄上装的凸轮 1 将弹簧杆 2 推动一下又返回，这时弹簧杆 2 推动一下位置开关 SQ1（13 区），使 SQ1 的常闭触头 SQ1-2 先分开，常开触头 SQ1-1 后闭合，接触器 KM1 瞬时得电动作，电动机 M1 瞬时启动；紧接着凸轮 1 放开弹簧杆 2，位置开关 SQ1 触头复位，接触器 KM1 断电释放，电动机 M1 断电。此时，电动机 M1 因未制动而惯性旋转，使齿轮系统抖动。在抖动期间，将变速手柄 3 先快后慢地推进去，齿轮便可顺利啮合。若齿轮系统没有在瞬时点动过程中实现良好啮合，可以重复上述步骤直到啮合为止。注意：变速前应停车。

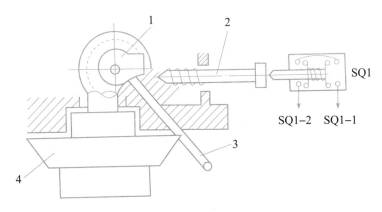

图 6-2-4　主轴变速冲动孔桩示意图

1—凸轮；2—弹簧；3—变速手柄；4—变速盘

2）工作台进给电动机 M2 的控制。

工作台的进给运动在主轴启动后方可进行。工作台的进给运动可以在 3 个坐标轴的 6 个方向进行，即工作台在回旋盘上的左右运动、工作台与回旋盘在溜板上和溜板一起前后运动、升降台在床身的垂直导轨上上下运动。这些进给运动是通过两个操纵手柄和机械联动机构控制相应的位置开关，使进给电动机 M2 正转或反转来实现的，并且 6 个方向的运

动是联锁的，不能同时接通。

①圆形工作台进给控制。

为了扩大铣床的加工范围，可以在铣床工作台上安装附件——圆形工作台，以便对圆弧或凸轮进行铣削加工。转换开关 SA2 就是用来控制圆形工作台的。需要圆形工作台旋转时，将开关 SA2 扳到接通位置，这时触头 SA2-1 和 SA2-3（17 区）断开，触头 SA2-2（18 区）闭合，电流经 10-13-14-15-20-19-17-18 路径使接触器 KM3 得电，电动机 M2 启动，通过一根专用轴带动圆形工作台做旋转运动。不需要圆形工作台旋转时，将开关 SA2 扳到断开位置，这时触头 SA2-1 和 SA2-3（17 区）闭合，触头 SA2-2（18 区）断开，以保证工作台在 6 个方向的进给运动，因为圆形工作台的旋转运动和 6 个方向的进给运动是联锁的。

②工作台的左右进给。

工作台的左右进给运动由左右进给操作手柄控制，操作手柄与位置开关 SQ5 和 SQ6 联动，有左、中、右 3 个位置，其控制关系见表 6-2-2。当手柄扳向中间位置时，位置开关 SQ5 和 SQ6 均未被压合，进给控制电路处于断开状态；当手柄扳向左或右位置时，手柄压下位置开关 SQ5 或 SQ6，使常闭触头 SQ5-2 或 SQ6-2（17 区）分开，常开触头 SQ5-1（17 区）或 SQ6-1（18 区）闭合，接触器 KM3 或 KM4 得电动作，电动机 M2 正转或反转。由于在 SQ5 或 SQ6 被压合的同时，机械机构已将电动机 M2 的传动链与工作台下面的左右进给丝杠搭合，所以电动机 M2 的正转或反转便可拖动工作台向左或向右运动。当工作台向左或向右进给到极限位置时，工作台两端安装的限位挡铁碰撞手柄连杆，可使手柄自动复位到中间位置，位置开关 SQ5 或 SQ6 复位，电动机的传动链与左右丝杠脱离，电动机 M2 停转，工作台停止进给，实现了左右运动的终端保护。

表 6-2-2　工作台的左右进给操作手柄位置及其控制关系

手柄位置	位置开关动作	接触器动作	电动机 M2 转向	传动链搭合丝杠	工作台位置方向
左	SQ5	KM3	正转	左右进给丝杠	向左
中	—	—	停止	—	停止
右	SQ6	KM4	反转	左右进给丝杠	向右

③工作台的上下和前后进给。

工作台的上下和前后进给是通过手柄控制的。该手柄与位置开关 SQ3 和 SQ4 联动，有上、下、中、前、后 5 个位置，其控制关系见表 6-2-3。当手柄扳向中间位置时，位置开关 SQ3 和 SQ4 均未被压合，工作台无任何进给运动；当手柄扳至下或前位置时，手柄压下位置开关 SQ3，使常闭触头 SQ3-2（17 区）分开，常开触头 SQ3-1（17 区）闭合，接触器 KM3 得电动作，电动机 M2 正转，带动工作台向下或向前运动；当手柄扳至上或后位置时，手柄压下位置开关 SQ4，使常闭触头 SQ4 - 2（17 区）分开，常开触头 SQ4 - 1（18 区）闭合，接触器 KM4 得电动作，电动机 M2 反转，带动工作台向上或向后运动。

表 6 - 2 - 3　工作台不同手柄位置及其控制关系

手柄位置	位置开关动作	接触器动作	电动机 M2 转向	传动链搭合丝杠	工作台位置方向
上	SQ4	KM4	反转	上下进给丝杠	向上
下	SQ3	KM3	正转	上下进给丝杠	向下
中	—	—	停止		停止
前	SQ3	KM3	正转	前后进给丝杠	向前
后	SQ4	KM4	反转	前后进给丝杠	向后

为什么进给电动机 M2 只有正反两个转向，而工作台却能够在 4 个方向上进给呢？这是因为手柄扳向不同位置时，机械机构已将电动机 M2 的传动链与不同的进给丝杠搭合。当手柄扳至下或上位置时，手柄在压下位置开关 SQ3 或 SQ4 的同时，通过机械机构将电动机 M2 的传动链与升降台上下进给丝杠搭合，当 M2 得电正转或反转时，便可带着升降台向下或向上运动；同理，当手柄扳至前或后位置时，手柄在压下位置开关 SQ3 或 SQ4 的同时，通过机械机构将电动机 M2 的传动链与溜板下面的前后进给丝杠搭合，当 M2 得电正转或反转时，就带着溜板向前或向后运动。和左右进给一样，当工作台在上、下、前、后 4 个方向的任一方向进给到极限位置时，挡铁都会碰撞手柄连杆，使手柄自动复位到中间位置，位置开关 SQ3 或 SQ4 复位，上下丝杠或前后丝杠与电动机的传动链脱离，电动机 M2 停转，工作台停止进给。

由以上分析可知，两个操作手柄被置于某一方向后，只能压下 4 个位置开关 SQ3～SQ6 中的一个开关，接通电动机 M2 正转或反转电路，同时通过机械机构将电动机的传动链与 3 根丝杠（左右丝杠、上下丝杠、前后丝杠）中的一根（只能是一根）搭合，拖动工作台沿选定的进给方向运动，而不会沿其他方向进给。

④左右进给手柄和上下前后进给手柄的联锁控制。

对于两个手柄，只能进行一个进给方向上的操作。即当一个操作手柄被置于某一进给方向后，另一个操作手柄必须置于中间位置，否则将无法实现任何进给运动，这是因为在控制电路中对两者实行了联锁保护。例如，把左右进给手柄扳向左时，又将另一个进给手柄扳向下，则位置开关 SQ5 和 SQ3 均被压下，触头 SQ5 - 2 和 SQ3 - 2 均分断，断开了接触器 KM3 和 KM4 的通路，电动机 M2 只能停止，保证了操作安全。

⑤进给变速时的瞬时点动。

和主轴变速一样，进给变速时，为了确保齿轮进入良好的啮合状态，也要进行变速后的瞬时点动。进给变速时，必须先把进给操纵手柄放在中间位置，然后将进给变速盘（在升降台前面）向外拉出，使进给齿轮松开，转动变速盘选定进给速度后，再将变速盘向里推回原位，齿轮便重新啮合。在推进过程中，挡块压下位置开关 SQ2（17 区），使触头 SQ2-2 分断，SQ2-1 闭合，接触器 KM3 经 10-19-20-15-14-13-17-18 路径得电动作，电动机 M2 启动；但随着变速盘复位，使接触器 KM3 断电释放，电动机 M2 失电停转。这时，使电动机 M2 瞬时点动一下，齿轮系统产生一次抖动，齿轮便可顺利啮合。

⑥工作台的快速移动控制。

为了提高生产效率，在不进行铣削加工时，可对工作台进行快速移动。6 个进给方向的快速移动可通过两个进给操纵手柄和快速移动按钮配合实现。

安装好工件后，扳动进给操作手柄选定进给方向，按下快速移动按钮 SB3 或 SB4（两地控制），接触器 KM2 得电，KM2 常闭触头（9 区）分断，电磁离合器 YC2 失电，将齿轮传动链与进给丝杠分离；KM2 两对常开触头闭合：一对使电磁离合器 YC3 得电，将电动机 M2 与进给丝杠直接搭合；另一对使接触器 KM3 或 KM4 得电动作，电动机 M2 得电正转或反转，带动工作台沿选定的方向快速移动。由于工作台的快速移动采用的是点动控制，故松开按钮 SB3 或 SB4 后快速移动停止。

（3）冷却泵及照明电路的控制。

主轴电动机 M1 和冷却泵电动机 M3 采用的是顺序控制，即只有在主轴电动机 M1 启动后冷却泵电动机 M3 才能启动。冷却泵电动机 M3 由组合开关 QS2 控制。

铣床照明变压器 T1 供给 24V 的安全电压，由开关 SA4 控制。熔断器 FU5 作为照明电路的短路保护。

5. 常见电气故障分析及检修

（1）主电动机 M1 不能启动。

对于这种故障，可采用电压法从上到下逐一测量，也可采用中间分段电压法快速测量，检测流程如图 6-2-5 所示。

（2）主电动机启动，进给电动机就转动，但扳动任一进给手柄都不能进给。

故障是因圆形工作台转换开关 SA2 拨到了"接通"位置造成的。进给手柄在中间位置时，启动主轴，进给电动机 M2 工作，扳动任一进给手柄，都会切断 KM3 的通电回路，使进给电动机停转。只要将 SA2 拨到"断开"位就可正常进给。

（3）主轴停车没有制动作用。

常见的故障点包括：交流回路中的 FU3、T2，整流桥，直流回路中的 FU4、YC1、SB5-2（SB6-2）等。故障检查时，可先将主轴转向转换开关 SA3 扳到停止位置，然后按下按钮 SB5（或 SB6），仔细听有无 YC1 得电后离合器动作的声音。具体检测流程如图 6-2-6 所示。

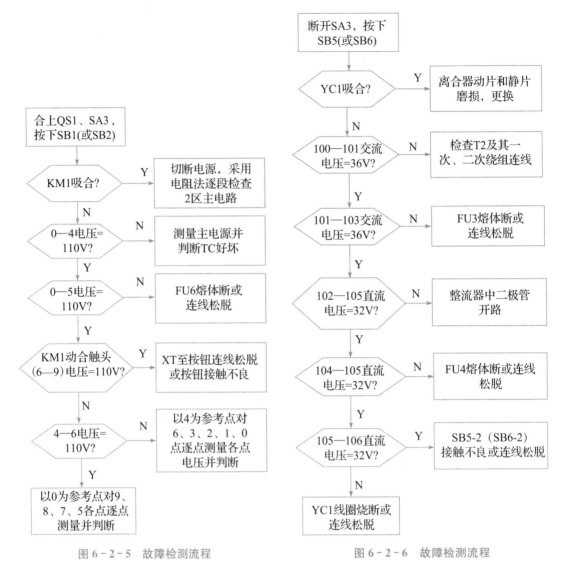

图 6－2－5　故障检测流程　　　　　　图 6－2－6　故障检测流程

（4）工作台各方向都不能进给。

主轴工作正常，但各方向均不能进给，这种故障多出现在公共点上，可先通过试车判断故障位置，再进行测量。故障检测流程如图 6－2－7 所示。

提示：主轴电动机工作正常，而进给部分有故障时，为了能通过试车声音判断故障位置，可将主轴转换开关 SA3 转至停止位置，避免主轴电动机工作声音影响判断。

（5）工作台能上下进给，但不能左右进给。

这种故障多出现在左右进给的公共通道 17 区。首先检查垂直与横向进给十字手柄是否位于中间位置，是否压触 SQ3 或 SQ4；然后在两个手柄处于中间位置时，检查进给变速冲动是否正常，若正常则表明故障为变速冲动位置开关 SQ2－2 接触不良或其连接线松脱，否则故障多在 SQ3－2、SQ4－2 触头及其连接线上。故障检测流程如图 6－2－8 所示。

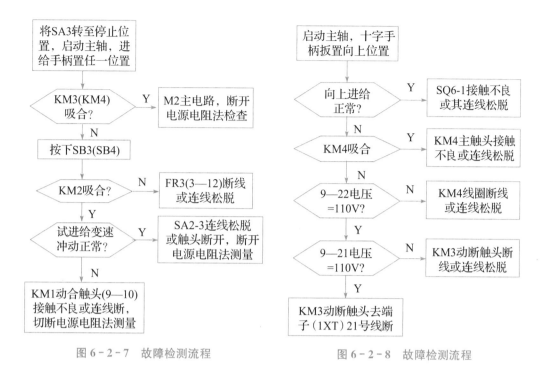

图 6-2-7 故障检测流程　　　　图 6-2-8 故障检测流程

提示：检测时，为避免误判，可在不启动主轴的前提下，将纵向进给手柄置于任意工作位置，断开互锁的一条并联通道，然后采用电压法或电阻法找出故障的具体位置。

（6）圆形工作台不工作。

圆形工作台不工作时，应该将圆形工作台转换开关 SA2 重新转置断开位置，检查纵向和横向进给工作是否正常，排除 4 个位置开关（SQ3～SQ6）动断触头之间互锁故障。当纵向和横向进给正常后，可判断故障在 SA2-2 触头或其连接线上。

任务实施

在明确实训任务的基础上，分析铣床电气控制电路的电气原理图。

人为设置 1～2 个故障，学生分组进行故障检查与排除练习。

1. 故障现象

针对下列故障现象分析故障范围，编写检修流程，按照检修步骤排除故障。

（1）主轴电动机没有换刀制动状态。

（2）主轴变速时无变速冲动状态。

（3）按下主轴电动机启动按钮 SB2，M1 不工作。

（4）横向和纵向进给工作正常，但无快速进给。

（5）工作台能左右进给，但不能上下进给。

（6）工作台能向上进给，但不能向下进给。

2. 检修步骤及工艺要求

（1）在教师指导下对铣床进行操作，熟悉铣床各元器件的位置和电路走向。

（2）观察、理解教师示范的检修流程。

（3）在 X62W 型卧式万能铣床上人为设置自然故障。故障的设置应注意以下几点：

1）人为设置的故障必须是铣床在工作中受外界因素影响而导致的自然故障。

2）不能通过更改电路或更换元器件等设置非自然故障。

3）设置故障时不能损坏电路元器件，不能破坏电路美观；不能设置易造成人身事故的故障；尽量不设置易导致设备事故的故障。

 技能检测

一、填空题

1. 若 X62W 型卧式万能铣床主轴电动机拖动的主轴没有旋转，则工作台的（　　）及（　　）是不能进行的。

2. 若 X62W 型卧式万能铣床主轴电动机正反转通过组合开关 SA4 控制，是因为铣削加工根据工艺要求（　　）。

3. X62W 型卧式万能铣床的进给运动可以在 3 个坐标轴（　　）（　　）（　　）、6 个方向（　　）（　　）（　　）（　　）（　　）（　　）上进行。

4. X62W 型卧式万能铣床电气控制电路中，（　　）是主运动，工作台的（　　）（　　）（　　）运动都是进给运动，工作台的旋转运动是（　　）运动。

5. X62W 型卧式万能铣床主轴电动机采用两地控制方式，因此启动按钮 SB3 和 SB4 是（　　）联的；停止按钮 SB1 和 SB2 的常闭触头是（　　）联的。

二、选择题

1. X62W 型卧式万能铣床的操作模式是（　　）。

A. 全按钮控制　　　　　　　　　　B. 全手柄控制

C. 按钮＋手柄控制　　　　　　　　D. 行程开关控制

2. X62W 型卧式万能铣床前后进给正常，但不能左右进给，说明（　　）。

A. 主电路正常，控制电路故障　　　B. 主电路故障，控制电路正常

C. 主电路和控制电路都存在故障　　D. 主电路和控制电路以外存在故障

3. X62W 型卧式万能铣床工作台进给必须在主轴启动后才允许，是确保（　　）。

A. 电路安装的需要　　　　　　　　B. 加工工艺的需要

C. 安全的需要　　　　　　　　　　D. 工作方便

4. X62W 型卧式万能铣床工作台没有采取制动措施，是因为(　　)。

A. 惯性小　　　　　　　　　　　B. 转速不高且有丝杠传动

C. 有机械制动　　　　　　　　　D. 不需要

三、判断题

(　　)1. X62W 型卧式万能铣床电气控制电路采用了两地控制方式，其控制按钮是按串联方式连接的。

(　　)2. X62W 型卧式万能铣床电气控制电路采用了完备的电气联锁措施，主轴启动后才允许工作台做进给运动和快速移动。

四、简答题

1. X62W 型卧式万能铣床电气控制电路具有哪些电气联锁？

2. 安装在 X62W 型卧式万能铣床工作台上的工件可以在哪些方向上调整和进给？

任务评价					
任务名称：			学生姓名：		
考核项目	考核要求	评分标准	配分	评估	
				实测记录	结果分值
1. 安装前检查	正确检测元件，确保良好	电器元件错检或漏检扣 5 分	5		
2. 元件安装	1. 按照接线图布置元件 2. 正确固定元件	元件布置不整齐、不匀称、不合理，安装不紧固，漏装螺钉，损坏元件，扣 5 分	5		
3. 布线	1. 按图施工 2. 合理布线 3. 规范走线，做到横平竖直、无交叉 4. 规范接线，确保无线头松动、反圈、压皮、露铜过长及绝缘层损伤的情况 5. 正确编号	1. 不按电路图接线扣 20 分 2. 布线不合理、不美观，每根扣 3 分 3. 走线不横平竖直，每根扣 3 分 4. 接点松动、露铜过长、压绝缘层、反圈等，每处扣 3 分 5. 损伤导线绝缘层或线芯扣 5 分 6. 漏套或错套编码套管扣 2 分	50		
4. 通电试车	按照要求和步骤正确调试电路	1. 第一次试车不成功扣 10 分 2. 第二次试车不成功扣 20 分 3. 第三次试车不成功扣 30 分	30		
5. 工具使用	正确使用工具	损坏或错误使用扣 5 分	5		
6. 安全生产	注意安全，遵守操作规程	漏接接地线扣 5 分	5		
7. 时间	按规定时间操作	每超时 10 分钟扣 5 分，超出 30 分钟总评按不及格计			
总计：					

说明：

安全文明操作；工具、仪器、仪表摆放有序；工作结束后能按要求整理及打扫环境卫生；若出现安全事故，总评按不及格计。

任务总结与反思					
班级：	姓名：	学号：	分组号：	用时：	

任务名称：

评价项目	评价内容	评价效果			
		非常满意	满意	基本满意	不满意
方法能力	我能够合理安排自己的日常学习生活（按时起床，着装得体，准时到达教学活动场所）				
	我能够对所学知识标记重点并说出关键词				
	我能够在有计划的前提下开始实操训练，并主动记录项目实施的心得体会				
社会能力	我能够与同学友好交往				
	我能够主动参与小组工作任务并真诚表达自己的观点				
	我能够真实地反馈自己的工作结果，并能主动向他人寻求必要的帮助				
专业能力	我能够看懂电气原理图、安装接线图并掌握相关知识				
	我能够正确使用电工工具和仪器、仪表				
	我清楚各操作环节的安全注意事项				

钻床电气控制电路分析及故障检修

知识目标

- 了解钻床电气控制电路的运动形式及控制要求。
- 掌握钻床电气控制电路的构成和工作原理。

技能目标

- 能够识读钻床电气控制电路图。
- 能够根据低压电器的工作状态分析钻床电气控制电路系统运行情况。
- 能够分析与排除 Z3040 型摇臂钻床控制系统的常见故障。

实训任务

在实训设备上，根据电气原理图完成钻床电气控制电路常见故障的排除。

具体流程如下：

（1）按照电气原理图，分析电路工作原理。

（2）人为设置 1~2 个故障，分组进行故障检查与排除练习。

（3）检修时，严禁扩大故障范围或制造新的故障。

（4）带电检修时，必须有指导教师监护，以确保安全。

任务准备

（1）按照要求穿着工装进入实训室。

（2）领取实训所需的电工工具、仪器、仪表。

（3）识读钻床电气控制电路电气原理图。

（4）按照电气原理图要求，完成钻床电气控制电路 1～2 个故障的排除。

 知识学习

1. Z3040 型摇臂钻床

钻床是一种用途广泛的万能机床。钻床的结构形式多样，包括立式钻床、卧式钻床、深孔钻床及台式钻床等。摇臂钻床是一种有代表性的立式钻床，主要用于对大型零件进行钻孔、扩孔、铰孔和攻螺纹等。摇臂钻床的运动形式有主运动（主轴旋转）、进给运动（主轴纵向移动）、辅助运动（摇臂沿外立柱的垂直移动，主轴箱沿摇臂的径向移动，摇臂与外立柱一起相对于内立柱的回转运动）。Z3040 型摇臂钻床的主要结构与运动示意图如图 6－3－1 所示。

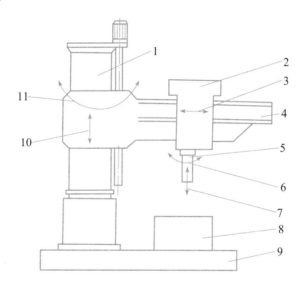

图 6－3－1　Z3040 型摇臂钻床的主要结构与运动示意图

1—内外立柱；2—主轴箱；3—主轴箱沿摇臂径向运动；4—摇臂；5—主轴；6—主轴旋转主运动；
7—主轴纵向进给；8—工作台；9—底座；10—摇臂垂直运动；11—摇臂回旋运动

Z3040 型摇臂钻床具有两套液压控制系统：一套是操纵机构液压系统，另一套是夹紧机构液压系统。前者安装在主轴箱内，用于实现主轴正反转、停车制动、空挡、预选及变速；后者安装在摇臂背后的电器盒下部，用于夹紧或松开主轴箱、摇臂及立柱。

（1）操纵机构液压系统。

该系统液压油由主轴电动机拖动齿轮泵送出。通过主轴变速、正反转及空挡操作手柄来改变两个操纵阀的相对位置，对液压油进行分配，进而完成不同的动作。操作手柄有 5 个空间位置：上、下、内、外和中间。其中，上为空挡，下为变速，外为正转，内为反转，中间为停车。调节主轴转速及主轴进给量时，先通过旋钮预选，再操作手柄。

启动主轴时，先按下主轴电动机启动按钮，主轴电动机启动，拖动齿轮泵，送出液压油，然后将操作手柄扳至要转向的位置，即可改变两个操纵阀的相对位置，一股液压油将制动摩擦离合器松开，为主轴旋转创造条件；另一股液压油压紧正转（反转）摩擦离合器，接通主轴电动机到主轴的传动链，驱动主轴正转或反转。

在主轴正转或反转的过程中，也可旋转变速旋钮，改变主轴转速或主轴进给量。

1）主轴停车：将操作手柄扳回中间位置后，主轴电动机仍拖动齿轮泵旋转，但整个液压系统为低压油，无法松开制动摩擦离合器。在制动弹簧的作用下，制动摩擦离合器压紧，使制动轴上的齿轮不能转动，实现主轴停车。也就是说，主轴停车时主轴电动机仍然旋转，只是不能将动力传至主轴。

2）主轴变速与进给变速：将操作手柄扳至"变速"位置，改变两个操纵阀的相对位置，使齿轮泵送出的液压油进入主轴转速预选阀和主轴进给量预选阀，然后进入各变速液压缸。各变速液压缸为差动液压缸，具体哪个液压缸上腔进油或回油，取决于选定的主轴转速和进给量大小。另一条油路系统推动拨叉缓慢移动，逐渐压紧主轴正转摩擦离合器，接通主轴电动机到主轴的传动链，使主轴缓慢转动，称为缓速。缓速的目的在于使滑移齿轮能比较顺利地进入啮合位置，避免出现齿顶齿现象。变速完成后，松开操作手柄，手柄将在弹簧作用下由"变速"位置自动复位到主轴"停车"位置，即可操纵主轴正转或反转，主轴将在新的转速或进给量下工作。

3）主轴空挡：将操作手柄扳至"空挡"位置后，由于两个操纵阀的相对位置改变了，液压油使主轴传动系统中的滑移齿轮处于中间脱开位置，此时用手即可轻松转动主轴。

（2）夹紧机构液压系统。

主轴箱、立柱和摇臂的夹紧与松开是通过液压泵电动机拖动液压泵送出液压油，进而推动活塞和菱形块来实现的。其中，主轴箱和立柱的夹紧或松开由一个油路控制；因为摇臂的夹紧或松开与摇臂升降构成自动循环，所以由另一个油路单独控制。这两个油路均由电磁阀控制。

启动液压泵电动机，拖动液压泵，送出液压油，在电磁阀控制下，使液压油经二位六通阀流入夹紧或松开油腔，推动活塞和菱形块，即可实现主轴箱及立柱的夹紧或松开。由于液压泵电动机采用点动控制，所以主轴箱和立柱的夹紧与松开是点动的。

2. Z3040 型摇臂钻床电气原理图分析

如图 6-3-2 所示为 Z3040 型摇臂钻床的电气原理图，M1 为主轴电动机，M2 为摇臂升降电动机，M3 为液压泵电动机，M4 为冷却泵电动机。

（1）主电路分析。

主电路中，M1 为单方向旋转，由接触器 KM1 控制，主轴的正反转则由机床液压系统操纵机构配合正反转摩擦离合器实现，并通过热继电器 FR1 进行长期过载保护。

M2 通过正反转接触器 KM2、KM3 实现正反转控制。控制电路可确保在操纵摇臂升降

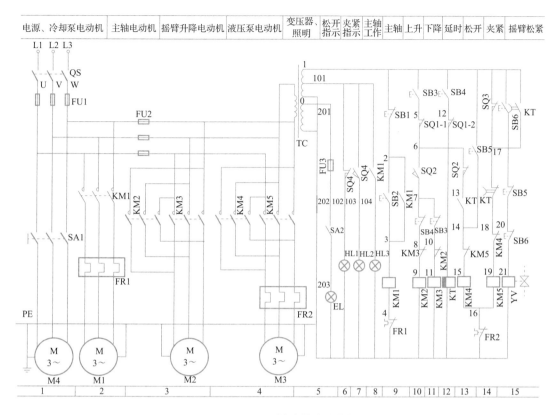

图 6 - 3 - 2 　Z3040 型摇臂钻床的电气原理图

时，先将液压泵电动机 M3 启动，供出液压油，经液压系统将摇臂松开，再将电动机 M2 启动，拖动摇臂上升或下降。移动到位后，控制电路确保 M2 先停下，再自动通过液压系统将摇臂夹紧，液压泵电动机 M3 最后停下。M2 处于短时工作状态，不用设长期过载保护。

M3 通过接触器 KM4、KM5 实现正反转控制，并通过热继电器 FR2 进行长期过载保护。

M4 的容量小，为 0.125kW，由开关 SA1 控制。

（2）控制电路分析。

控制电路中，按钮 SB1、SB2 与 KM1 构成主轴电动机 M1 的单方向旋转启动控制电路。M1 启动后，指示灯 HL3 亮，表示主轴电动机在旋转。

摇臂上升按钮 SB3、下降按钮 SB4 及正反转接触器 KM2、KM3 组成具有双重互锁的电动机正反转点动控制电路。由于摇臂的升降控制要与夹紧机构液压系统紧密配合，因此与液压泵电动机的控制有着密切的关系。下面以摇臂上升为例分析摇臂升降的控制。

按下摇臂上升按钮 SB3（点动按钮），时间继电器 KT 线圈通电，触头 KT（1 - 17）、KT（13 - 14）立即闭合，使电磁阀 YV、KM4 线圈同时通电，液压泵电动机启动，拖动液压泵送出液压油，并经二位六通阀进入油腔，推动活塞和菱形块，将摇臂松开。活塞杆通过弹簧片压上位置开关 SQ2，发出摇臂松开信号，即触头 SQ2（6 - 7）闭合、SQ2（6 - 13）

断开，使 KM2 通电、KM4 断电。于是电动机 M3 停止转动，液压泵停止供油，摇臂维持松开状态；同时 M2 启动，带动摇臂上升。SQ2 是用于反映摇臂是否松开并发出松开信号的器件。

当摇臂上升到所需位置时，松开按钮 SB3，KM2 和 KT 断电，M2 电动机停止转动，摇臂停止上升。但由于触头 KT（17-18）经 1～3s 延时闭合，触头 KT（1-17）经同样延时断开，因此 KT 线圈断电并经 1～3s 延时后，KM5 通电，此时 YV 通过 SQ3 仍然得电。M3 反向启动，拖动液压泵，供出液压油，经二位六通阀进入摇臂夹紧油腔，向相反方向推动活塞和菱形块，将摇臂夹紧。同时，活塞杆通过弹簧片压下位置开关 SQ3，使触头 SQ3（1-17）断开，使 KM5 断电，液压泵电动机 M3 停止运转，摇臂夹紧完成。所以说 SQ3 为摇臂夹紧信号开关。时间继电器 KT 是为保证夹紧动作在摇臂升降电动机停止运转后再进行而设置的，KT 延时时间根据摇臂升降电动机从切断电源到停止的惯性来调整。

摇臂升降的极限保护由位置开关 SQ1 来实现。SQ1 有两对动断（常闭）触头，当摇臂上升或下降到极限位置时相应触头动作，切断对应的上升或下降接触器 KM2 或 KM3 线圈的电源，使 M2 停止运转，摇臂停止移动，实现极限位置保护。开关 SQ1 的两对触头平时应设置在同时接通位置；动作时，应使一对触头断开，而另一对触头仍保持闭合。SQ1-1 实现上限位保护，SQ1-2 实现下限位保护。

摇臂自动夹紧程度由位置开关 SQ3 控制。如果夹紧机构液压系统出现故障不能夹紧，那么触头 SQ3（1-17）便无法断开。若开关 SQ3 安装调试不当，摇臂夹紧后仍不能压下 S03，电动机 M3 会因长时间处于过载状态而烧毁，为此，采用热继电器 FR2 作为过载保护。

主轴箱和立柱的松开与夹紧是同时进行的。当按下松开按钮 SB5 时，KM4 通电，M3 电动机正转，拖动液压泵送出液压油，这时 YV 处于断电状态，液压油经二位六通阀进入主轴箱和立柱的松开油腔，推动活塞和菱形块，使主轴箱和立柱的夹紧装置松开，并在松开的同时通过位置开关 SQ4 控制指示灯发出信号。当主轴箱与立柱松开时，开关 SQ4 不受压，SQ4 的动断（常闭）触头（101-102）闭合，指示灯 HL1 亮，表示确已松开，可以移动主轴箱和立柱。当主轴箱和立柱被夹紧时，将压下 SQ4，其动合（常开）触头（101-103）闭合，指示灯 HL2 亮，此时可以进行钻削加工。

机床安装好之后接通电源，可通过主轴箱和立柱的夹紧与松开来检查电源相序。确认电源相序正确后，再调整电动机 M2 的接线。

（3）Z3040 型摇臂钻床电器位置示意图。

Z3040 型摇臂钻床电器位置示意图如图 6-3-3 所示，供检修、调试时参考。

3. Z3040 型摇臂钻床电气控制电路的常见故障分析与检修

Z3040 型摇臂钻床电气控制电路比较简单，特殊环节是摇臂的运动。摇臂在上升或下降时，夹紧机构先自动松开，上升或下降到预定位置后，夹紧机构再将摇臂固定在立柱上。

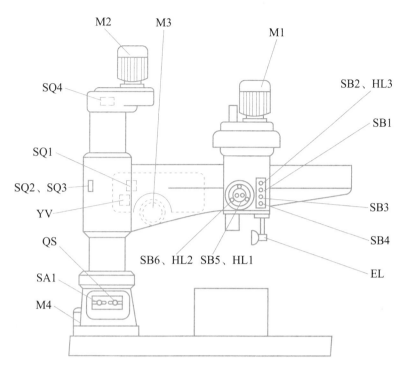

图 6 – 3 – 3　Z3040 型摇臂钻床电器位置示意图

这个过程是由电气、机械和液压系统紧密配合实现的。所以,在维修和调试时,不仅要熟悉摇臂运动的电气过程,更要注意机电液的配合。

(1)摇臂不能上升(或下降)。

1)检查位置开关 SQ2 是否动作,若已动作,即 SQ2 的动合(常开)触头(6 – 7)已闭合,则说明故障发生在接触器 KM2 或摇臂升降电动机 M2 上;另一种情况是 SQ2 没有动作(这种情况较常见),实际上此时摇臂已经放松,但由于活塞杆压不上 SQ2,使接触器 KM2 不能吸合,升降电动机不能得电旋转,导致摇臂不能上升或下降。

2)液压系统发生故障,如液压泵卡死、不转,油路堵塞或气温太低使油的黏度增大,摇臂不能完全松开,压不上 SQ2,导致摇臂不能上升或下降。

3)电源的相序接反,按摇臂上升按钮 SB3,液压泵电动机反转,使摇臂夹紧,压不上 SQ2,摇臂也就不能上升或下降。

若判断是位置开关 SQ2 的位置改变造成的故障,则应与机械、液压维修人员配合,调整好 SQ2 的位置并紧固。

(2)摇臂不能夹紧。

1)位置开关 SQ3 安装位置不准确,或紧固螺钉松动造成 SQ3 过早动作,使液压泵电动机 M3 在摇臂还未充分夹紧时就停止工作。

2)接触器 KM5 线圈回路出现故障。

（3）立柱、主轴箱不能夹紧（松开）。

立柱、主轴箱的夹紧或松开是同时进行的。立柱、主轴箱不能夹紧或松开，可能是油路堵塞、接触器 KM4 或 KM5 线圈回路出现故障造成的。

（4）立柱、主轴箱夹紧后不能保持。

按下按钮 SB6，立柱、主轴箱能夹紧，但放开按钮后，立柱、主轴箱便松开。故障多是机械原因造成的，如菱形块和承压块的安装角度、方向错误，或者距离不合适。如果菱形块立不起来，则是夹紧力调得太大或夹紧液压系统压力不够所致。作为电气维修人员，掌握一些机械和液压知识可避免盲目检修，事半功倍。

（5）摇臂上升或下降位置开关失灵。

位置开关 SQ1 失灵分为以下两种情况：

1）位置开关损坏、触头不能因开关动作而闭合、接触不良，导致电路不能正常工作。电路断开后，信号不能传递，摇臂便不能上升或下降。

2）位置开关不能动作，触头熔焊，电路始终呈接通状态。当摇臂上升或下降到极限位置后，摇臂升降电动机堵转，发热严重，由于电路中未设过载保护元件，将导致电动机绝缘损坏。

（6）主轴电动机刚启动运转，熔断器就熔断。

按主轴启动按钮 SB2，主轴电动机刚开始旋转，熔断器便熔断。原因可能是机械机构发生卡阻现象或钻头被铁屑卡住，使电动机堵转，过大的负载使主轴电动机电流增大，热继电器来不及动作，导致熔断器熔断。此外，也可能是电动机自身故障导致熔断器熔断。

排除故障时，应先退出主轴，根据空载运行情况分析故障现象。

 任务实施

在明确实训任务的基础上，分析钻床电气控制电路的电气原理图。

人为设置 1～2 个故障，观察故障现象，分析原因，分组进行故障检查与排除练习。

针对故障现象分析故障范围，用万用表试车检测并排除故障。

1. 故障现象

针对下列故障现象分析故障范围，编写检修流程，逐步排除故障。

（1）按下按钮 SB2，主轴不能启动。

（2）按下按钮 SB3，摇臂不能上升。

（3）按下按钮 SB5，液压泵不工作。

2. 检修步骤及工艺要求

（1）在教师指导下对钻床进行操作，熟悉钻床各元器件的位置和电路走向。

（2）观察、理解教师示范的检修流程。

（3）在 Z3040 型摇臂钻床上人为设置自然故障。故障的设置应注意以下几点：

1）人为设置的故障必须是钻床在工作中受外界因素影响而导致的自然故障。

2）不能通过更改电路或更换元器件等设置非自然故障。

3）设置故障时不能损坏电路元器件，不能破坏电路美观；不能设置易造成人身事故的故障；尽量不设易导致设备事故的故障。

技能检测

简答题

1. Z3040 型摇臂钻床在摇臂升降的过程中，液压泵电动机和摇臂升降电动机如何配合工作？以摇臂上升为例叙述电路的工作情况。

2. 对于 Z3040 型摇臂钻床，若摇臂升降电动机的三相电源相序接反会发生什么事故？

3. Z3040 型摇臂钻床各位置开关的作用是什么？结合电路工作情况进行说明。

		任务评价			
任务名称：			学生姓名：		
考核项目	考核要求	评分标准	配分	评估	
				实测记录	结果分值
1. 安装前检查	正确检测元件，确保良好	电器元件错检或漏检扣5分	5		
2. 元件安装	1. 按照接线图布置元件 2. 正确固定元件	元件布置不整齐、不匀称、不合理，安装不紧固，漏装螺钉，损坏元件，扣5分	5		
3. 布线	1. 按图施工 2. 合理布线 3. 规范走线，做到横平竖直、无交叉 4. 规范接线，确保无线头松动、反圈、压皮、露铜过长及绝缘层损伤的情况 5. 正确编号	1. 不按电路图接线扣20分 2. 布线不合理、不美观，每根扣3分 3. 走线不横平竖直，每根扣3分 4. 接点松动、露铜过长、压绝缘层、反圈等，每处扣3分 5. 损伤导线绝缘层或线芯扣5分 6. 漏套或错套编码套管扣2分	50		
4. 通电试车	按照要求和步骤正确调试电路	1. 第一次试车不成功扣10分 2. 第二次试车不成功扣20分 3. 第三次试车不成功扣30分	30		
5. 工具使用	正确使用工具	损坏或错误使用扣5分	5		
6. 安全生产	注意安全，遵守操作规程	漏接接地线扣5分	5		
7. 时间	按规定时间操作	每超时10分钟扣5分，超出30分钟总评按不及格计			

总计：

说明：

安全文明操作；工具、仪器、仪表摆放有序；工作结束后能按要求整理及打扫环境卫生；若出现安全事故，总评按不及格计。

任务总结与反思					
班级：	姓名：	学号：	分组号：		用时：

任务名称：

评价项目	评价内容	评价效果			
		非常满意	满意	基本满意	不满意
方法能力	我能够合理安排自己的日常学习生活（按时起床，着装得体，准时到达教学活动场所）				
	我能够对所学知识标记重点并说出关键词				
	我能够在有计划的前提下开始实操训练，并主动记录项目实施的心得体会				
社会能力	我能够与同学友好交往				
	我能够主动参与小组工作任务并真诚表达自己的观点				
	我能够真实地反馈自己的工作结果，并能主动向他人寻求必要的帮助				
专业能力	我能够看懂电气原理图、安装接线图并掌握相关知识				
	我能够正确使用电工工具和仪器、仪表				
	我清楚各操作环节的安全注意事项				

磨床电气控制电路分析及故障检修

 知识目标

- 了解磨床电气控制电路的运动形式及控制要求。
- 掌握磨床电气控制电路的构成和工作原理。

 技能目标

- 能够识读磨床电气控制电路图。
- 能够根据低压电器的工作状态分析磨床电气控制电路系统的运行情况。
- 能够分析与排除 M7120 型平面磨床控制系统的常见故障。

 实训任务

在实训设备上，根据电气原理图完成磨床电气控制电路常见故障的排除。
具体流程如下：

（1）按照电气原理图，分析电路工作原理。

（2）人为设置 1～2 个故障，分组进行故障检查与排除练习。

（3）检修时，严禁扩大故障范围或制造新的故障。

（4）带电检修时，必须有指导教师监护，以确保安全。

 任务准备

（1）按照要求穿着工装进入实训室。

（2）领取实训所需的电工工具、仪器、仪表。

（3）识读磨床电气控制电路的电气原理图。

（4）按照电气原理图要求，完成磨床电气控制电路1～2个故障的排除。

 知识学习

M7120型平面磨床的电气控制电路

磨床是用砂轮的周边或端面进行机械加工的精密机床，根据用途不同可分外圆磨床、内圆磨床、平面磨床、无心磨床和专用磨床，专用磨床包括螺纹磨床、球面磨床、齿轮磨床、导轨磨床等。

1. 运动形式及主要结构

（1）运动形式。

1）主运动：砂轮的旋转。

2）进给运动：砂轮架的上下移动（垂直进给）；砂轮架的横向（前后）进给（横向进给）；工作台的纵向（左右）进给（纵向进给）。

（2）主切削工具：砂轮。

（3）M7120型号含义：M表示磨床类，7表示平面磨床组，1表示卧轴矩台式，20表示工作台的工作面宽200mm。

（4）结构：床身、垂直进给手轮、工作台、位置行程挡块、砂轮修正器、横向进给手轮、拖板、磨头和驱动工作台手轮。

2. 电力拖动的特点及对控制的要求

（1）M7120平面磨床采用4台电动机拖动。

1）砂轮电动机：拖动砂轮旋转，只要求单向旋转，无跳速要求。

2）砂轮升降电动机：使砂轮在立柱导轨上做垂直运动，用于调整砂轮与工件的位置。

3）液压泵电动机：拖动液压泵供出压力油，实现工作台的纵向往复运动，砂轮箱的横向自动进给，并承担工作台导轨的润滑。

4）冷却泵电动机：拖动冷却泵，提供磨削加工时需要的冷却液。

（2）为了满足磨削小工件的需要，并保证工件在磨削过程中受热后可自由伸缩，采用电磁吸盘来吸持工件。

（3）应具备照明电路和完善的保护环节。如短路、过载、零电压及电磁吸盘的失电压保护等。

（4）欠电压继电器KA不能可靠动作，各电动机均无法启动。

欠电压继电器KA的作用：在加工过程中，若电源电压不足，则电磁吸盘的吸力也就不足，会导致工件因失去足够的吸力而被高速旋转的砂轮碰击飞出，造成严重事故。为确保安全，在电路中设置了欠电压继电器KA。

3. 电气控制电路分析

M7120 型平面磨床电气控制电路图如图 6－4－1 所示，包括主电路、控制电路、电磁工作台控制电路及照明与指示灯电路。

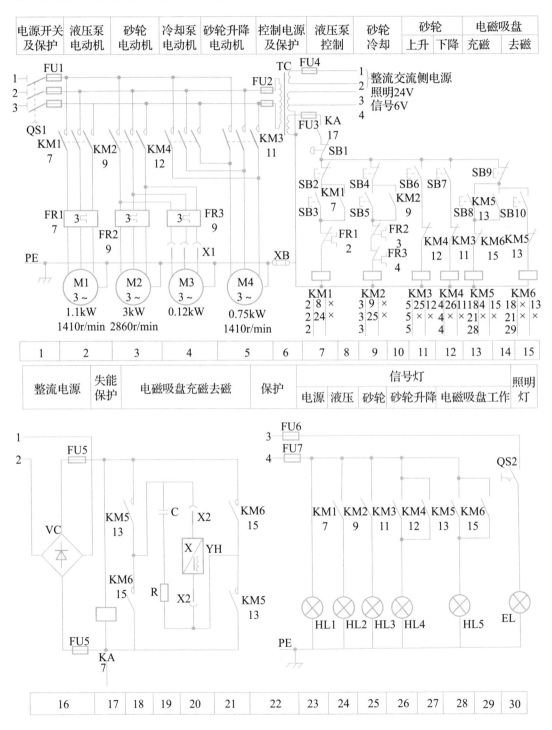

图 6－4－1　M7120 型平面磨床电气控制电路图

（1）主电路分析。

主电路中有 4 台电动机，M1 是液压泵电动机，M2 是砂轮电动机，M3 是冷却泵电动机，M4 是砂轮升降电动机。

4 台电动机的工作要求：M1、M2 和 M3 只做单向旋转，M4 做正反向旋转，冷却泵电动机 M3 在 M2 运转后才能运转。

（2）控制电路分析。

1）液压泵电动机 M1 的控制。

电源电压正常时，欠电压继电器 KA 的线圈得电吸合，KA 常开触头闭合；按下启动按钮 SB3，接触器 KM1 线圈获电，KM1 主触头闭合，电动机 M1 启动。

2）砂轮电动机 M2 及冷却泵电动机 M3 的控制。

按下启动按钮 SB5，接触器 KM2 线圈得电，砂轮电动机 M2 启动，冷却泵电动机 M3 也同时启动。

3）砂轮升降电动机 M4 的控制。

因为砂轮升降为短时运转，所以采用点动控制。

按下点动按钮 SB6，接触器 KM3 线圈得电，电动机 M4 启动正转，砂轮上升，上升到所需位置后松开按钮 SB6，KM3 线圈断电，电动机 M4 停转，砂轮停止上升。

按下点动按钮 SB7，接触器 KM4 线圈得电，电动机 M4 启动反转，砂轮下降，下降到所需位置后松开按钮 SB7，KM4 线圈断电，电动机 M4 停转，砂轮停止下降。

（3）电磁工作台控制电路分析。

停止按钮 SB9、启动按钮 SB8、接触器 KM6 常闭触头、接触器 KM5 线圈及自锁触头和启动按钮 SB10、接触器 KM5 常闭触头、接触器 KM6 线圈等组成两条分别给电磁工作台（又称电磁吸盘）充磁和去磁的控制电路。电磁吸盘 YH 如图 6－4－1 所示。

电磁吸盘是用于固定工件的夹具，利用通电导体产生的磁场吸牢铁磁材料工件。与机械夹紧装置相比，电磁吸盘具有夹紧迅速、不损伤工件、工作效率高、一次能吸牢若干个小工件、工件在加工中发热可以自由伸缩等优点，在平面磨床中应用十分广泛。

电磁吸盘的控制电路包括整流装置、控制装置和保护装置 3 个部分。

1）整流装置。

整流装置由变压器 TC 和单相桥式全波整流器 VC 组成，供给 110V 直流电源。

2）控制装置。

控制装置由按钮 SB8、SB9、SB10 和接触器 KM5、KM6 等组成。

充磁过程如下：按下启动按钮 SB8，接触器 KM5 线圈得电，KM5 主触头闭合，电磁吸盘 YH 线圈得电，工作台充磁吸住工件。同时，KM5 自锁触头闭合，联锁触头断开。

磨削加工完毕，取下加工好的工件前先按按钮 SB9，切断电磁吸盘 YH 的直流电源，由于吸盘和工件都有剩磁，所以还需对吸盘和工件进行去磁。

去磁过程如下：按下点动按钮 SB10，接触器 KM6 线圈得电，KM6 主触头闭合，电磁吸盘 YH 线圈通入反向直流电，使吸盘和工件去磁。去磁时，为防止时间过长使吸盘反向磁化而再次吸住工件，接触器 KM6 采用点动控制。

3）保护装置。

保护装置由放电电阻 R，放电电容 C 及欠压继电器 KA 组成。电磁吸盘脱离电源的瞬间，其两端产生的较大的自感电动势会损坏线圈和其他电器，故用电阻和电容组成放电回路。这是一种过电压保护的阻容（RC）吸收回路，利用电容器两端的电压值不能突变的特点（即当电路电压增大时，电容器 C 处于充电状态，相当于容抗值 X_c 瞬时下降），使电磁吸盘线圈两端电压的变化趋缓，充电电流经过电阻 R 的过程中，电磁能量得到释放。

欠压继电器 KA 的线圈并联在电磁吸盘 YH 电路中，KA 的常开触头串联在控制电路中。当电源电压降低或断电，电磁吸盘吸不牢工件时，欠压继电器 KA 释放，KA 的常开触头断开，切断控制电路的电源，使接触器 KM1 和 KM2 线圈断电，液压泵电动机 M1 和砂轮电动机 M2 停车，防止工件被高速旋转的砂轮撞击而飞出，保证安全。

（4）照明和指示灯电路分析。

图 6-4-1 所示的 EL 为照明灯，工作电压为 24V，由变压器 TC 供电，QS2 为照明负荷隔离开关。

HL1、HL2、HL3、HL4 和 HL5 为指示灯，工作电压为 6V，也由变压器 TC 供电，5 个指示灯分别表示电源正常，电动机 M1、M2 和 M4 工作，电磁吸盘 YH 工作。

4. 常见故障分析

（1）砂轮只能下降，不能上升。

先观察接触器 KM3 是否吸合，如电源电压正常，但接触器不吸合且无一点声音，可用万用表的电阻挡测量线圈两端，如电路不通，说明线圈已断路；如电路通，则可依次检查按钮 SB6 的连接线是否脱落，接触器 KM4 的常闭联锁触头接触是否良好。若接触器 KM3 有"嗡嗡"声但不吸合，可能是接触器机械卡阻。

（2）电磁吸盘没有吸力。

先检查变压器 TC 的整流输入端熔断器 FU4 及电磁吸盘电路熔断器 FU5 的熔体是否熔断；再检查接插器 X2 的两触头电压是否正常。

如上述检查均未发现故障，可检查电磁吸盘 YH 线圈的两个出线头。若电磁吸盘 YH 密封不好，冷却液浸蚀会导致绝缘损坏，使两个出线头间短路或出线头本身断路。线头间短路后，若不及时检修，有可能烧毁整流器 VC 和整流变压器 TC，这一点应在日常维护时特别注意。

（3）电磁吸盘的吸力不足。

原因之一是交流电源电压较低，使整流后的直流电压相应下降，导致吸盘的吸力不足。检查时可用万用表直流电压挡测量整流器 VC 的输出端电压值，应不低于 110V（空载时直流输出电压为 130～140V），若电源电压不足，应调高交流电源电压。另外，接触器 KM5 两副主触头和接插器 X2 的插头、插座间的接触不良也会导致吸盘吸力不足。

原因之二是整流电路发生故障。整流器 VC 是由 4 个桥臂组成的，若整流器材质为硅二极管，那么每一臂就是一只硅二极管，如果有一个硅二极管或连接导线断路，就会造成某臂开路，这时直流输出电压将下降一半左右，使流过电磁吸盘的电流减小，导致吸力降低。检修时，可测量直流输出电压是否有下降一半的现象。触摸 4 个整流臂也可判断是否有桥臂断路，断路的桥臂以及与它相对的另一臂由于没有电流流过，温度会比其余两臂低。

断开电磁吸盘 YH 回路的一瞬间，线圈将产生很大的自感电动势，电路中会出现过电压，如吸收过电压的电阻 R 或电容 C 损坏，就可能导致二极管击穿。若有一臂的二极管被击穿而形成短路，则与它相邻的另一臂的二极管也会因过流而很快损坏。变压器 TC 的二次侧绕组会流过很大的短路电流，使熔断器 FU4 的熔体熔断。硅整流二极管损坏后应更换。

任务实施

在明确实训任务的基础上，分析磨床电气控制电路的电气原理图。

人为设置 1～2 个故障，学生分组进行故障检查与排除练习。

1. 故障现象

针对下列故障现象分析故障范围，按照规范的检修步骤排除故障。

（1）液压泵电动机缺相。

（2）砂轮电动机、冷却泵电动机均缺一相（同一相）。

（3）砂轮电动机缺一相。

（4）砂轮下降电动机缺一相。

（5）控制变压器缺一相，控制回路失效。

（6）控制回路失效。

（7）液压泵电机不启动。

（8）KA 继电器不动作，液压泵、砂轮冷却、砂轮升降、电磁吸盘均不能启动。

（9）砂轮上升失效。

（10）电磁吸盘充磁和去磁失效。

（11）电磁吸盘不能充磁。

（12）电磁吸盘不能去磁。

（13）整流电路中无直流电，KA 继电器不动作。

（14）照明灯不亮。

2. 检修步骤及工艺要求

（1）在教师指导下对磨床进行操作，熟悉磨床各元器件的位置及电路走向。

（2）观察、理解教师示范的检修流程。

（3）在磨床上人为设置自然故障。故障的设置应注意以下几点：

1）人为设置的故障必须是磨床在工作中受外界因素影响而导致的自然故障。

2）不能通过更改电路或更换元器件等设置非自然故障。

3）设置故障时不能损坏电路元器件，不能破坏电路美观；不能设置易造成人身事故的故障；尽量不设置易导致设备事故的故障。

技能检测

一、填空题

1．磨床的主切削工具是（　　　），主运动是（　　　）。

2．M7120 型平面磨床中，电动机（　　　）采用过载保护，因为它们是（　　　），而电动机 M4 是短期工作的，故不设过载保护。

3．M7120 型平面磨床中，能正反转的电动机是（　　　），作用是（　　　）。

4．M7120 型平面磨床中，采用点动控制的电动机是（　　　）。

5．电磁吸盘要用（　　　）电流，所以采用整流装置。若桥式整流器中有一个二极管断开，则整流电压将变为原来电压的（　　　）。

6．M7120 型平面磨床电磁吸盘控制电路中，KM5 必须（　　　）锁，而去磁控制用的 KM6 不允许（　　　）锁，否则将反向充磁，使工件无法取下。

二、选择题

1．M7120 型平面磨床的电气联锁工作原理：（　　　）不能可靠动作，各电机均无法启动。

A．电压继电器 KA　　　　　　　　　　B．液压泵控制线圈 KM1

C．砂轮机接触器线圈 KM2　　　　　　D．冷却泵电机 M3

2．M7120 型平面磨床砂轮升降电动机的正反转控制可通过（　　　）来实现。

A．点动　　　　　B．点动互锁　　　　C．自锁　　　　　D．互锁

3．对于 M7120 型平面磨床的控制电路，具备可靠的（　　　）后，才允许启动砂轮和液压系统，以保证安全。

A．交流电压　　　B．直流电压　　　　C．冷却泵获电　　　D．交流电流

4．M7120 型平面磨床砂轮在加工中（　　　）。

A．需调速　　　　B．不需调速　　　　C．对调速可有可无

三、简答题

M7120 型平面磨床的砂轮只能上升而不能下降的故障原因有哪些？电磁工作台在工作时没有电磁吸力的原因有哪些？

任务评价						
任务名称：				学生姓名：		
考核项目	考核要求	评分标准	配分	评估		
				实测记录	结果分值	
1. 安装前检查	正确检测元件，确保良好	电器元件错检或漏检扣 5 分	5			
2. 元件安装	1. 按照接线图布置元件 2. 正确固定元件	元件布置不整齐、不匀称、不合理，安装不紧固，漏装螺钉，损坏元件，扣 5 分	5			
3. 布线	1. 按图施工 2. 合理布线 3. 规范走线，做到横平竖直、无交叉 4. 规范接线，确保无线头松动、反圈、压皮、露铜过长及绝缘层损伤的情况 5. 正确编号	1. 不按电路图接线扣 20 分 2. 布线不合理、不美观，每根扣 3 分 3. 走线不横平竖直，每根扣 3 分 4. 接点松动、露铜过长、压绝缘层、反圈等，每处扣 3 分 5. 损伤导线绝缘层或线芯扣 5 分 6. 漏套或错套编码套管扣 2 分	50			
4. 通电试车	按照要求和步骤正确调试电路	1. 第一次试车不成功扣 10 分 2. 第二次试车不成功扣 20 分 3. 第三次试车不成功扣 30 分	30			
5. 工具使用	正确使用工具	损坏或错误使用扣 5 分	5			
6. 安全生产	注意安全，遵守操作规程	漏接接地线扣 5 分	5			
7. 时间	按规定时间操作	每超时 10 分钟扣 5 分，超出 30 分钟总评按不及格计				

总计：

说明：

安全文明操作；工具、仪器、仪表摆放有序；工作结束后能按要求整理及打扫环境卫生；若出现安全事故，总评按不及格计。

任务总结与反思					
班级：	姓名：	学号：	分组号：		用时：

任务名称：

评价项目	评价内容	评价效果			
		非常满意	满意	基本满意	不满意
方法能力	我能够合理安排自己的日常学习生活（按时起床，着装得体，准时到达教学活动场所）				
	我能够对所学知识标记重点并说出关键词				
	我能够在有计划的前提下开始实操训练，并主动记录项目实施的心得体会				
社会能力	我能够与同学友好交往				
	我能够主动参与小组工作任务并真诚表达自己的观点				
	我能够真实地反馈自己的工作结果，并能主动向他人寻求必要的帮助				
专业能力	我能够看懂电气原理图、安装接线图并掌握相关知识				
	我能够正确使用电工工具和仪器、仪表				
	我清楚各操作环节的安全注意事项				

参考文献

［1］席世达．电工技术［M］．北京：高等教育出版社，2019.

［2］李敬梅．电力拖动控制电路与技能训练［M］．北京：中国劳动社会保障出版社，2014.

［3］赵洪顺．电气控制技术实训［M］．北京：机械工业出版社，2019.

［4］殷培峰．电气控制与机床电路检修技术［M］．北京：化学工业出版社，2015.

［5］王兰军，王炳实．机床电气控制与PLC［M］．北京：机械工业出版社，2017.

附　　录

表　常用电器、电机的图形符号与文字符号

类型	名称	图形符号	文字符号
开关	单极控制开关	或	SA
	手动开关一般符号		SA
	三极控制开关		QS
	三极隔离开关		QS
	三极负荷开关		QS
	组合开关		QS
	低压断路器		QF
	控制器或操作开关	后　　前 2 1 0 1 2	SA

续表

类型	名称	图形符号	文字符号
接触器	线圈操作器件		KM
	常开主触头		KM
	常开辅助触头		KM
	常闭辅助触头		KM
位置开关	常开触头		SQ
	常闭触头		SQ
	复合触头		SQ
按钮	常开按钮		SB
	常闭按钮		SB
	复合按钮		SB
	急停按钮		SB
	钥匙操作式按钮		SB

续表

类型	名称	图形符号	文字符号
热继电器	热元件		FR
	常闭触头		FR
时间继电器	通电延时线圈		KT
	断电延时线圈		KT
	瞬时闭合的常开触头		KT
	瞬时断开的常闭触头		KT
	延时闭合的常开触头		KT
	延时断开的常闭触头		KT
	延时闭合的常闭触头		KT
	延时断开的常开触头		KT
熔断器	熔断器		FU

续表

类型	名称	图形符号	文字符号
中间继电器	线圈		KA
	常开触头		KA
	常闭触头		KA
电压继电器	过电压线圈	$U>$	KV
	欠电压线圈	$U<$	KV
	常开触头		KV
	常闭触头		KV
电流继电器	过电流线圈	$I>$	KA
	欠电流线圈	$I<$	KA
	常开触头		KA
	常闭触头		KA

续表

类型	名称	图形符号	文字符号
非电量控制的继电器	速度继电器常开触头	n	KS
	压力继电器常开触头	P	KP
电磁操作器	电磁离合器		YC
	电磁制动器		YB
	电磁阀		YV
	电磁铁的一般符号	或	YA
	电磁吸盘		YH
电动机	三相笼型异步电动机	M 3~	M
	三相绕线转子异步电动机	M 3~	M
	他励直流电动机	M	M
	并励直流电动机	M	M
	串励直流电动机	M	M

续表

类型	名称	图形符号	文字符号
变压器	单相变压器		TC
	三相变压器		TM
发电机	发电机	G	G
	直流测速发电机	TG	TG
灯	信号灯（指示灯）	⊗	HL
	照明灯	⊗	EL
插接器	插头和插座	或	X 插头 XP 插座 XB
互感器	电流互感器		TA
	电压互感器		TV
电抗器	电抗器		L